建筑施工特种作业人员培训教材

普通脚手架架子工

本书编委会　组织编写

中国建筑工业出版社

图书在版编目（CIP）数据

普通脚手架架子工/《普通脚手架架子工》编委会组
织编写. —北京：中国建筑工业出版社，2017.6（2021.6重印）
建筑施工特种作业人员培训教材
ISBN 978-7-112-20738-1

Ⅰ.①普… Ⅱ.①普… Ⅲ.①脚手架-工程施工-技
术培训-教材 Ⅳ.①TU731.2

中国版本图书馆 CIP 数据核字（2017）第 099899 号

　　本书是建筑施工特种作业人员培训教材之一，内容包括：建筑基础知识、脚手架基础知识、落地扣件式钢管外脚手架、碗扣式钢管外脚手架、门式钢管外脚手架、模板支撑架、其他脚手架和脚手架施工安全技术管理。
　　本书是建筑施工特种作业人员考核培训必备教材，也可供相关人员自学。

责任编辑：朱首明　李　明　李　阳　赵云波
责任设计：李志立
责任校对：焦　乐　刘梦然

建筑施工特种作业人员培训教材
普通脚手架架子工
本书编委会　组织编写

*

中国建筑工业出版社出版、发行（北京海淀三里河路9号）
各地新华书店、建筑书店经销
北京科地亚盟排版公司制版
北京建筑工业印刷厂印刷

*

开本：850×1168毫米　1/32　印张：8⅛　字数：211千字
2017年8月第一版　　2021年6月第六次印刷
定价：**22.00**元
ISBN 978-7-112-20738-1
（30397）

建筑施工特种作业人员培训教材
编审委员会

主　任：阚咏梅

副主任：艾伟杰

委　员：（按姓氏笔画排序）

　　　　于　亮　王立志　王传利　冯敬毅

　　　　刘　怡　孙　石　肖　硕　邹德勇

　　　　周友龙　郭　瑞　曹安民

前　　言

根据住房和城乡建设部《建筑施工特种作业人员管理规定》的要求，为提高建筑施工普通脚手架架子工的素质，减少建筑施工生产安全事故发生，确保普通脚手架架子工具备从事该特种作业的职业能力，依据《建筑架子工（普通脚手架）安全技术考核大纲》、《建筑架子工（普通脚手架）安全操作技能考核标准》等相关标准、规范编写本书。

全书共包括八章内容：建筑基础知识、脚手架基础知识、落地扣件式钢管外脚手架、碗扣式钢管外脚手架、门式钢管外脚手架、模板支撑架、其他脚手架以及脚手架施工安全技术管理。介绍了普通脚手架架子工必须掌握的安全技术知识和实际操作技能，旨在帮助其全面提高知识水平和实际操作能力。

本书内容全面，图文并茂，针对各种类型的普通脚手架搭设和拆除的特点，力求文字通俗易懂，内容及顺序编排尽量符合普通脚手架安装与拆卸的工作过程，具有较强的针对性、实用性和适用性。是建筑施工普通脚手架架子工培训考试的必备教材，也适合建筑工人自学以及相关专业的高职、中职学生参考使用。

本书由张晓艳、王传利、孙石编写，全书由张晓艳统稿主编。在编写过程中参考了大量相关教材，对这些资料的编作者，一并表示谢意！但由于编者专业水平和实践经验有限，加之时间仓促，因此书中难免有疏漏或不妥之处，诚恳地希望专家和广大读者批评指正。

目　　录

一、建筑基础知识

（一）建筑识图基本内容

在建筑工程中，无论是建造住宅、学校等民用建筑还是工厂等工业建筑，都要先有一套设计好的施工图纸以及有关的标准图集和文字说明，这些图纸和文字能完整准确地表达出拟建建筑物的外形轮廓、规模尺寸、结构构造和材料做法，是指导施工的主要依据。因此，作为一名建筑工人，要按图施工，首先必须会识图（也叫看图或读图），看懂施工图纸，这是保证施工质量的先决条件。

1. 投影与视图

建筑工程的图纸，大多是采用投影原理绘制的。要读懂建筑工程图，就要学习投影原理，具备必要的投影知识，这是识图的基础。

（1）投影原理与正投影

日常生活中，光线照射到物体上，在墙上或地面上就会产生影子，当光线的形式和方位改变时，影子的形状、位置和大小也随之改变。如图 1-1 （a）所示，灯的位置在桌面正中上方，当灯光离桌面较近时，地面上产生的影子比桌面还大。灯与桌面距离越远，影子就愈接近桌面的实际大小。如把灯移到无限远，如图 1-1 （b）所示，当光线从无限远处相互平行并与桌面、地面垂直时，这时在地面上出现的影子的大小就和桌面一样。

由于物体不透光，所以影子只能反映物体某个方向的外轮

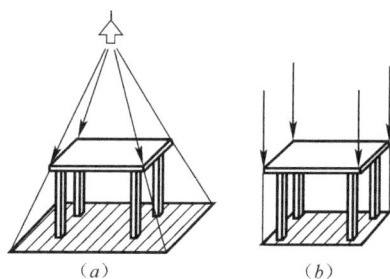

图 1-1 物体的投影

(a) 点光源照射物体的投影；

(b) 平行光垂直照射物体的投影

廓，并不能反映物体的内部情况。假设从光源发出的光线，能够透过物体，将其各顶点和各棱线都在一个平面上投出影来，组成能够反映出物体形状的图形。这样影子不但能反映物体的外轮廓，同时也能反映物体上部和内部的情况。这样形成的物体的影子就称为投影。我们把光源称为投影中心，光线称为投射线，把出现影子的平面（如地面）称为投影面，把所产生的影子称为投影图，作出物体的投影的方法，称为投影法。

投影法分为中心投影和平行投影两类。由一点放射光源所产生的空间物体的投影称为中心投影，如图 1-1（a）所示；利用相互平行的投射线所产生的空间物体的投影称为平行投影，如图 1-1（b）所示。平行投影又分为斜投影和正投影。投影线倾斜于投影面时，所形成的平行投影，称为斜投影，适用于绘斜轴测图。投影线垂直于投影面，物体在投影面上所得到的投影称为正投影，建筑工程图基本上都是用正投影的方法绘制的。

1）点的正投影基本规律

无论从哪一个方向对一个点进行投影，所得到的投影仍然是一个点。

2）直线的正投影基本规律

直线平行于投影面时，其投影仍为直线，且与实长相等，如图 1-2（a）所示；

直线垂直于投影面时，其投影积聚为一个点，如图 1-2（b）所示；

直线倾斜于投影面时，其投影仍为直线，但长度缩短，如图 1-2（c）所示。

2

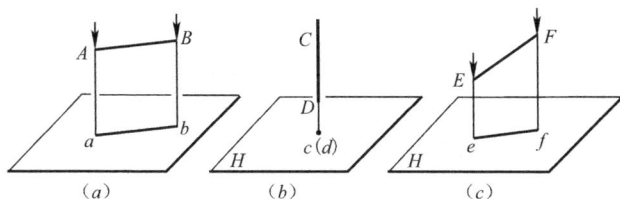

图 1-2　直线的投影特性

(a) 平行线；(b) 垂直线；(c) 倾斜线

3）平面的正投影基本规律

平面平行于投影面时，其投影反映平面的真实形状和大小，如图 1-3 (a) 所示；

平面垂直于投影面时，其投影积聚成一条直线，图 1-3 (b) 所示；

平面倾斜于投影面时，其投影是缩小了的平面，如图 1-3 (c) 所示。

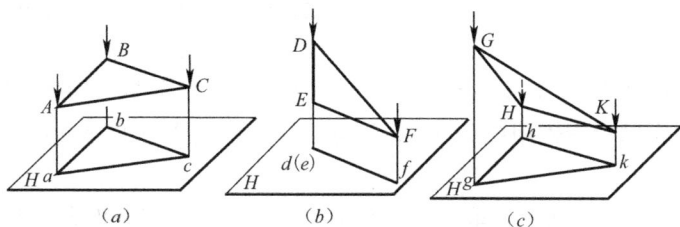

图 1-3　平面的投影特性

(a) 平行面；(b) 垂直面；(c) 倾斜面

(2) 三视图

物体在投影面上的正投影图叫视图。一个物体都有前、后、左、右、上、下六个面，以投影的方向不同，视图可分为以下几种：

1）俯视图：从顶上往下看，得到的投影图，如建筑施工图中楼层平面图。

2）仰视图：从底下往上看，得到的投影图，如建筑施工图中的顶棚平面图。

3）侧视图：从物体的左、右、前、后投影，得到的视图，分别称为左视图、右视图、前视图、后视图。如建筑施工图中的东、南、西、北立面图。

大多数物体均需至少三个视图才能正确表现出物体的真实形状和大小。

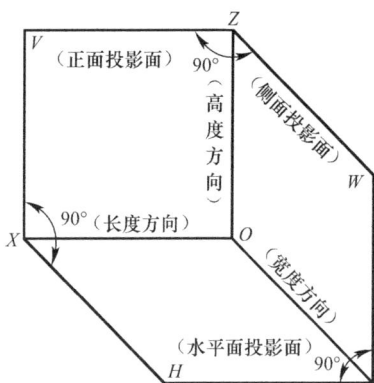

图 1-4　三个投影面的组成

如图 1-4 所示，物体的三个投影面，平行于物体底面的水平投影面，简称平面，记为 H 面；平行于物体正面的正立投影面，简称立面，记为 V 面；平行于物体侧面的侧立投影面，简称侧面，记为 W 面。三个投影面相互垂直又都相交，交线称为投影轴。H 面与 V 面相交的投影轴用 OX 表示，简称 X 轴；W 面与 H 相交的投影轴用 OY 表示，简称 Y 轴；W 面与 V 面相交的投影轴用 OZ 表示，简称 Z 轴。三投影轴的交点 O，称为原点。

如图 1-5 所示，取一个三角形斜垫块，放在三个投影面中进行投影，按照前面所讲的规律，即可得到三个不同的视图。

立面 V 上的投影是一个直角三角形，它反映了斜垫块前后立面的实际形状，即长和高。

平面 H 上的投影是一个矩形。由于垫块的顶面倾斜于水平面，所以水平面上的矩形反映的是缩小了的顶面的实形，即长和宽，同时也是底面的实形。

侧立面 W 上的投影也是一

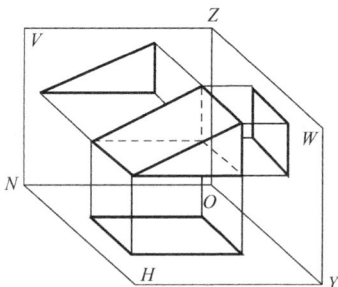

图 1-5　三角形斜垫块三视图

个矩形，它同时反映了缩小的斜面实形和垫块侧立面的，即高和宽。

在正立面上的投影称为主视图，建筑工程图中称为立面图；在水平面上的投影称为俯视图，建筑工程图中称为平面图；在侧立面上的投影称为左视图（有时还需要右视图），建筑工程图中称为侧面图。三个视图中，每个视图都可以反映物体两个方面的尺寸。三个视图之间存在以下投影关系，如图1-6所示。

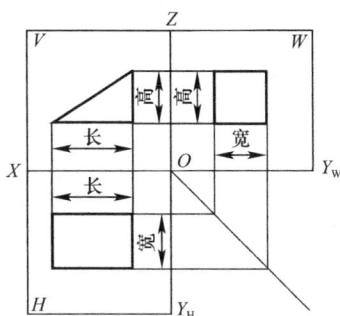

图1-6　三角形斜垫块三面投影图

主视图与俯视图：长对正；

主视图与左视图：高平齐；

俯视图与左视图：宽相等。

总之，三面视图具有等长、等高、等宽的三等关系，这是绘制和识读工程图的基本规律。

2. 建筑制图的基本规定

图纸是各项建筑工程不可缺少的重要技术资料，其形成具有严格的规范性。现将《房屋建筑制图统一标准》GB/T 50001—2010及相关技术标准的主要规定介绍如下：

（1）图幅、图框、标题栏及会签栏

1）图幅

图幅，全称是图纸幅面，指绘制图样的图纸宽度（b）与长度（l）组成的图面。应符合表1-1的规定。根据需要，也可以按规定加长幅面，而短边不得加宽，见表1-2。简单直观的是按基本幅面的短边整数倍增加，图1-7中粗实线所示为基本幅面，其余为加长幅面，细实线所示为第二选择，虚线所示为第三选择。一个工程设计中，每个专业所使用的图纸，不宜多于两种幅面，不含目录及表格所采用的A4幅面。

图纸基本幅面及图框尺寸　　　　　　　表 1-1

幅面代号		A0	A1	A2	A3	A4
$b×l$(mm)		841×1189	594×841	420×594	297×420	210×297
图框尺寸	c	10			5	
	a	25				

注：b—图幅宽度；l—图幅长度；a—装订边的宽度。

图纸长边加长尺寸　　　　　　　表 1-2

幅面代号	长边尺寸	长边加长后的尺寸
A0	1189	1486（A0+1/4l）　　1635（A0+3/8l）　　1783（A0+1/2l） 1932（A0+5/8l）　　2080（A0+3/4l）　　2230（A0+7/8l） 2378（A0+1l）
A1	841	1051（A1+1/4l）　　1261（A1+1/2l）　　1471（A1+3/4l） 1682（A1+1l）　　1892（A1+5/4l）　　2102（A1+3/2l）
A2	594	743（A2+1/4l）　　891（A2+1/2l）　　1041（A2+3/4l） 1189（A2+1l）　　1338（A2+5/4l）　　1486（A2+3/2l） 1635（A2+7/4l）　　1783（A2+2l）　　1932（A2+9/4l） 2080（A2+5/2l）
A3	420	630（A3+1/2l）　　841（A3+1l）　　1051（A3+3/2l） 1261（A3+2l）　　1471（A3+5/2l）　　1682（A3+3l） 1892（A3+7/2l）

注：有特殊需要的图纸，可采用 $b×l$ 为 841mm×891mm 与 1189mm×1261mm 的幅面。

2）图框

图纸上限制绘图区域的线框称为图框。在图纸上必须用粗实线画出图框。图框分留有装订边和不留装订边两种格式。留有装订边的图纸，其图框格式如图 1-8 所示，尺寸按表 1-1 的规定。需要注意的是，同一产品中所有图纸均采用统一格式。加长格式的图框尺寸，按照比所选用的基本幅面大一号的图纸的图框尺寸来确定。

为了使图样复制和缩微摄影时定位方便，对表 1-1 所列各号图纸，均应在图纸各边长的中点处分别画出对中符号。对中符号用粗实线绘制，线宽 0.35mm。长度从纸边界开始至伸入图框内约 5mm。

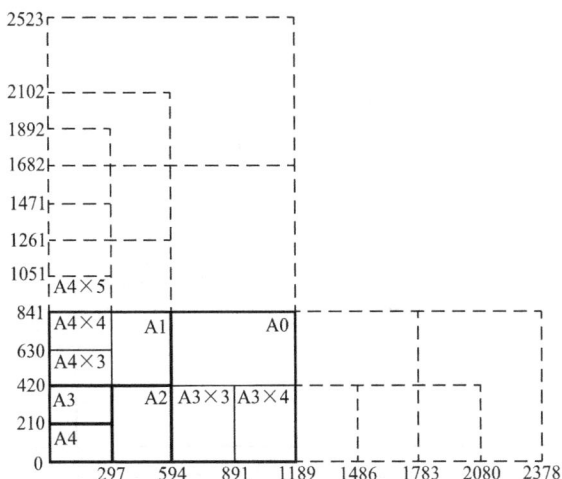

图 1-7　图纸的加长幅面

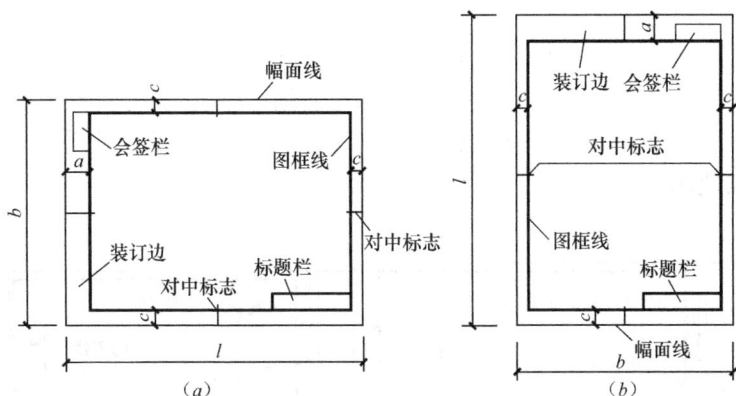

图 1-8　图框格式

（a）横式；（b）立式

3）标题栏与会签栏

为了便于管理及查阅，每张图纸上都必须画出标题栏。标题栏必须放置在图框的右下角。看图的方向与看标题栏的方向一致。

7

会签栏又称图签，格式如图 1-9 所示，尺寸应为 100mm×20mm。它是为各专业（如水暖、电气等）会签人员签署专业、姓名、日期（年、月、日）用的表格。一个会签栏不够时，可另加一个，两个会签栏应并列。不需会签的图纸可不设会签栏。

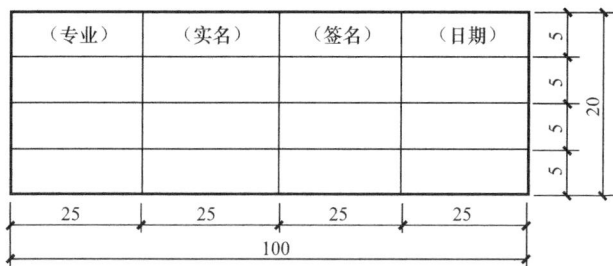

（专业）	（实名）	（签名）	（日期）

图 1-9　图纸会签栏

图纸以短边作为垂直边为横式图纸，以短边作为水平边为立式图纸。A0～A3 图纸宜横式使用，布置形式如图 1-10 所示，必要时也可立式使用，如图 1-11 所示。A4 图纸宜立式使用。

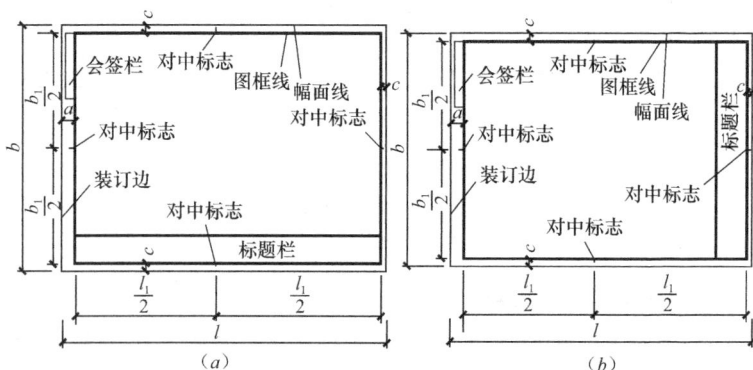

图 1-10　A0～A3 横式幅面

8

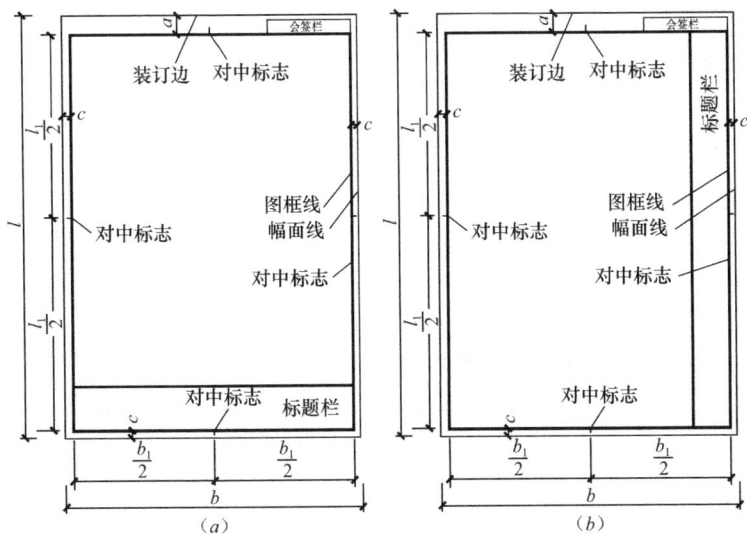

图 1-11 A0～A4 立式幅面

根据工程需要选择确定标题栏的尺寸、格式及分区。标题栏应填写设计单位（设计人、绘图人、审批人）的签名和日期、工程名称、图名、图纸编号等内容，签字区应包含实名列和签名列，格式如图 1-12 所示。涉外工程的标题栏内，各项主要内容的中文下方应附有译文，设计单位的上方或左方，应加"中华人民共和国"字样。在计算机制图文件中当使用电子签名与认证时，应符合国家有关电子签名法的规定。

(2) 图线

各种图形都是由线条组成的，而每张图纸所反映的内容不同，所以就要采用各种粗细、虚实的线条表示所画部位的含义。

图线的宽度 b，宜从下列线宽系列中选取：1.4、1.0、0.7、0.5、0.35、0.25、0.18、0.13mm。图线宽度不应小于 0.1mm。每个图样，应根据复杂程度与比例大小，先选定基本线宽 b，再选用表 1-3 中相应的线宽组。

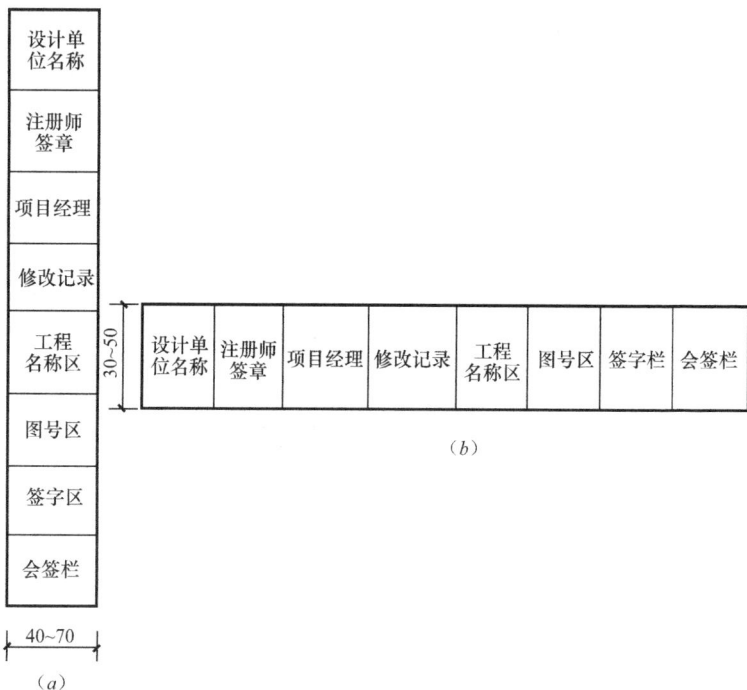

（b）

（a）

图 1-12 标题栏

线宽组（mm） 表 1-3

线宽比	线宽组			
b	1.4	1.0	0.7	0.5
$0.7b$	1.0	0.7	0.5	0.35
$0.5b$	0.7	0.5	0.35	0.25
$0.25b$	0.35	0.25	0.18	0.13

注：1. 需要缩微的图纸，不宜采用 0.18 及更细的线宽。

2. 同一张图纸内、各不同线宽中的细线，可统一采用较细的线宽组的细线。

图纸的图框和标题栏线，可采用表 1-4 的线宽。

图框线和标题栏线的宽度 表 1-4

幅面代号	图框线	标题栏外框线	标题栏分格线
A0、A1	b	$0.5b$	$0.25b$
A3、A3、A4	b	$0.7b$	$0.35b$

10

线条的粗细、形状和断续叫线型。在同一张图纸内，相同比例的图，应选用相同的线宽组。同类线应粗细一致。

建筑工程施工图常用的线型及用途见表 1-5。

施工图常用线型及用途 表 1-5

名称		线型	线宽	一般用途
实线	粗		b	主要可见轮廓线
	中粗		$0.7b$	可见轮廓线
	中		$0.5b$	可见轮廓线、尺寸线、变更云线
	细		$0.25b$	图例填充线、家具线
虚线	粗		b	见各有关专业制图标准
	中粗		$0.7b$	不可见轮廓线
	中		$0.5b$	不可见轮廓线、图例线
	细		$0.25b$	图例填充线、家具线
单点长画线	粗		b	见各有关专业制图标准
	中		$0.5b$	见各有关专业制图标准
	细		$0.25b$	中心线、对称线、轴线等
双点长画线	粗		b	见各有关专业制图标准
	中		$0.5b$	见各有关专业制图标准
	细		$0.25b$	假想轮廓线、成型前原始轮廓线
折断线	细		$0.25b$	断开界线
波浪线	细		$0.25b$	断开界线

1) 粗实线表示建筑施工图中的主要可见轮廓线，如平、剖面图中被剖切的主要建筑构造轮廓线；建筑立面图的外轮廓线；平、立、剖面的剖切符号；平面图中的墙体、柱子的断面轮廓等。

2) 中粗实线表示可见轮廓线，如平、剖面图中被剖切的次要建筑构造轮廓线；建筑平、立、剖面图中建筑构配件的轮廓线等。

3) 中实线表示可见次要轮廓线，尺寸线、尺寸界线、变更云线、图例线、索引符号、标高符号、引出线等。

4）细实线表示细图形线、图例填充线和家具线等。

5）虚线表示建筑物的不可见轮廓线、图例线等。

6）单点长画线可以表示定位轴线，作为尺寸的界限，也可以表示中心线、对称线等；双点长画线表示假想轮廓线，原始轮廓线，用地红线等。

7）折断线用细实线绘制，表示断开的界线，用于省略不需画全的部分。

8）波浪线用细实线绘制，主要用于表示构件等局部构造的内部结构。

另外，绘图时需要注意，相互平行的图例线，其净间隙或线中间隙不宜小于 0.2mm。虚线、单点长画线和双点长画线的线段长度和间隔应大致相等，首末两端应是长划而不是点。虚线或点画线与其他图线交接时，应是线段交接。虚线为实线的延长线时，不得与实线相接。当图形较小难以绘制点划线时，可用实线代替点划线。当不同图线互相重叠时，应按实线、虚线、点画线的先后顺序只绘制前面一种图线。图线不得与文字、数字或符号重叠、混淆，不可避免时，应首先保证文字的清晰。

（3）字体

图纸上所需书写的文字、数字或符号等，均应笔画清晰、字体端正、排列整齐、间隔均匀；标点符号应清楚正确。

字体的大小以号数表示，字体的号数就是字体的高度（单位为 mm），见表 1-6。字高大于 10mm 的文字宜采用 TrueType 字体，如需书写更大的字，其高度应按 $\sqrt{2}$ 倍递增。用作指数、分数、注脚和尺寸偏差的数值，一般采用小一号字体。在同一图样上，只允许选用一种字体。

文字的字高   表 1-6

字体种类	中文矢量字体	TRUETYPE 字体及非中文矢量字体
字高	3.5、5、7、10、14、20	3、4、6、8、10、14、20

12

1）汉字

图样及说明中的汉字，宜采用长仿宋体（矢量字体）或黑体，并应采用国务院正式推行的《汉字简化方案》中规定的简化字。同一图纸字体种类不应超过两种。书写长仿宋体的基本要领：横平竖直，起落有锋，布局均匀，填满方格。长仿宋体字宽度与高度的关系应符合表 1-7 的规定，示例如图 1-13 所示。黑体字的宽度与高度应相同。大标题、图册封面、地形图等的汉字，也可书写成其他字体，但应易于辨认。

长仿宋体高宽关系（mm）   表 1-7

字高（字号）	20	14	10	7	5	3.5
字宽	14	10	7	5	3.5	2.5

2）字母、数字

图样及说明中的拉丁字母、阿拉伯数字与罗马数字，宜采用单线简体或 Roman 字体。拉丁字母、阿拉伯数字与罗马数字的书写规则，应符合

字体端正笔划清楚
排列整齐间隔均匀

图 1-13　仿宋字体示例

表 1-8 的规定。字母和数字可写成斜体或直体，如图 1-14 所示，字高不应小于 2.5mm。斜体字字头向右倾斜，与水平基准线成75°。斜体字的高度和宽度应与相应的直体字相等。

拉丁字母、阿拉伯数字与罗马数字的书写规则   表 1-8

书写格式	字体	窄字体
大写字母高度	h	h
小写字母高度（上下均无延伸）	$7/10h$	$10/14h$
小写字母伸出的头部或尾部	$3/10b$	$4/14h$
笔画宽度	$1/10h$	$1/14b$
字母间距	$2/10h$	$2/14h$
上下行基准线的最小间距	$15/10h$	$21/14h$
词间距	$6/10h$	$6/14h$

数量的数值注写，应采用正体阿拉伯数字。各种计量单位凡前面有量值的，均应采用国家颁布的单位符号注写。单位符

$$1\,2\,3\,4\,5\,6\,7\,8\,9\,0$$

$$I\ II\ III\ IV\ V\ VI\ VII\ VIII\ IX\ X$$

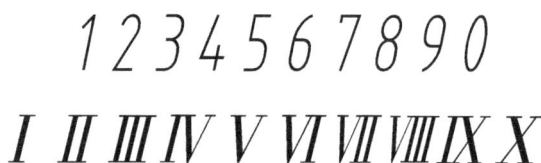

图 1-14　数字书写示例

号应采用正体字母。分数、百分数和比例数的注写，应采用阿拉伯数字和数学符号。当注写的数字小于 1 时，应写出各位的"0"，小数点应采用圆点，齐基准线书写。

（4）比例

工程图纸都是按照一定的比例，将建筑物缩小，在图纸上画出。我们看到的施工图都是经过缩小（或放大）后绘制成。所绘制的图形与实物相对应的线性尺寸之比称为比例。

比例的符号为"："，比例用阿拉伯数字表示，如 1：20、1：50、1：100 等。比例的大小，是指其比值的大小，如 1：50 大于 1：100。

一张图纸上只用一个比例的，可写在标题栏内或图名区里，也可写在图名右侧。一张图纸上同时使用几个比例，则每个图名右侧均应标注比例。此时字的基准线应取平，比例的字高宜比图名的字高小一号或二号，如图 1-15 所示。无论图的比例大小如何，在图中都必须标注物体的实际尺寸。

平面图 1:100　　⑥ 1:20

图 1-15　比例的注写

建筑工程图图纸的比例见表 1-9。优先用表中常用比例。特殊情况下也可自选比例，这时除应注出绘图比例外，还必须在适当位置绘制出相应的比例尺。

图纸比例表　　　　　　　　　　　　表 1-9

图名	常用比例	必要时可增加的比例
总平面图	1：500、1：1000、1：2000	1：5000、1：10000、1：20000、1：50000、1：100000、1：200000

图名	常用比例	必要时可增加的比例
总图专业的断面图	1：100、1：200、1：1000、1：2000	1：500、1：5000
平面图、立面图、剖面图	1：50、1：100、1：200	1：150、1：250、1：300、1：400
次要平面图	1：300、1：400	1：500、1：600
详图	1：1、1：2、1：5、1：10、1：20、1：50	1：3、1：4、1：6、1：15、1：25、1：30、1：40、1：60、1：80

（5）定位轴线

定位轴线亦称轴线，它是表示建筑物的主体结构或墙体位置的线，也是建筑物定位的基准线。定位轴线应用细单点长画线绘制。每条轴线都要编号，并将其写在轴线端部的圆内。圆应用细实线绘制，直径为 8～10mm。定位轴线圆的圆心，应在定位轴线的延长线上或延长线的折线上。

1）简单平面图的轴线编号

除较复杂需采用分区编号或圆形、折线形外，一般平面图上定位轴线的编号，宜标注在图样的下方与左侧。横向编号应用阿拉伯数字，从左至右顺序编写，竖向编号应用大写拉丁字母，从下至上顺序编写。如图 1-16 所示。拉丁字母的 I、O、Z 不得用做轴线编号。当字母数量不够使用，可增用双字母或单字母加数字注脚。

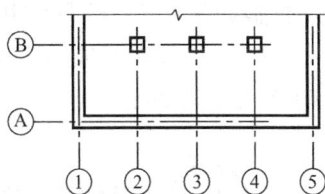

图 1-16　定位轴线的编号顺序

2）复杂平面图的轴线编号

组合较复杂的平面图中定位轴线可采用分区编号，如图 1-17 所示。编号采用阿拉伯数字或大写拉丁字母表示，编号的注写形式为"分区号-该分区编号"。

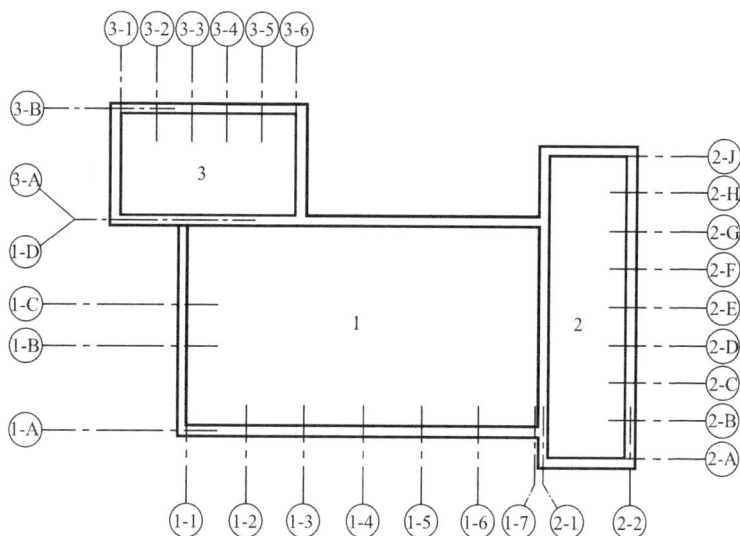

图 1-17　定位轴线的分区编号

3）附加轴线的轴线编号

当有附加轴线时，即在两根轴线之间需要增加一个轴时，则编号以分数形式表示，分母表示前一轴线的编号，分子表示附加轴线的编号，编号宜用阿拉伯数字顺序编写，如图 1-18（a）所示。1 号轴线或 A 号轴线之前的附加轴线的分母应以 01 或 0A 表示，如图 1-18（b）所示。

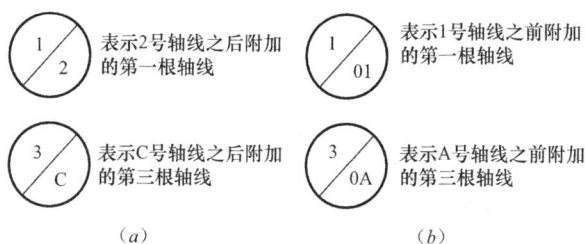

（a）　　　　　　　　　　　　（b）

图 1-18　附加轴线编号表示方法

16

4）圆形、弧形及折线形平面图的轴线编号

圆形与弧形平面图中的定位轴线，其径向轴线应以角度进行定位，其编号宜用阿拉伯数字表示，从左下角或－90（若径向轴线很密，角度间隔很小）开始，按逆时针顺序编写；其环向轴线宜用大写拉丁字母表示，从外向内顺序编写（如图 1-19、图 1-20 所示）。

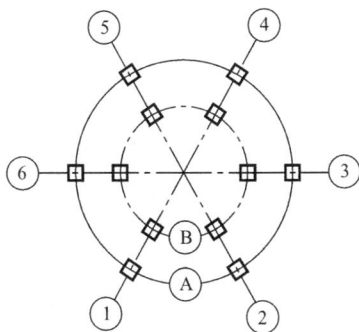

图 1-19　圆形平面定位轴线的编号

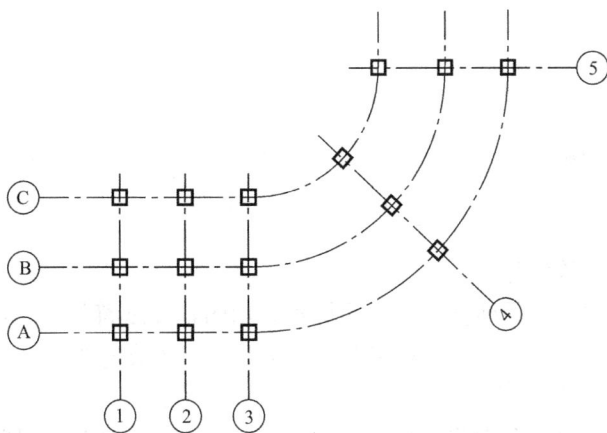

图 1-20　弧形平面定位轴线的编号

折线形平面图中定位轴线的编号类似于弧形平面，可按图 1-21 的形式编写。

5）详图轴线编号

通用详图中的定位轴线，只画圆，不注写轴线编号。

一个详图适用于几根轴线时，应同时注明各有关轴线的编号（如图 1-22 所示）。

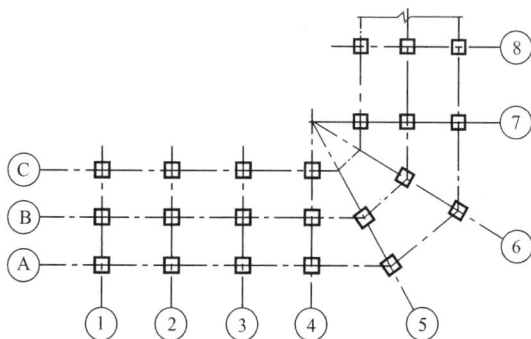

图 1-21　折线形平面定位轴线的编号

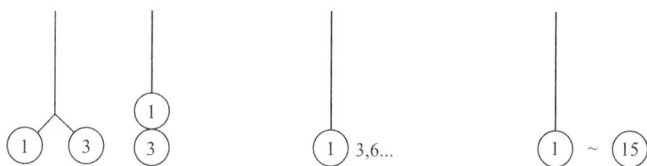

用于2根轴线时　　用于3根或3根以上轴线时　用于3根以上连续编号的轴线时

图 1-22　详图的轴线编号

(6) 常见符号

图样是用各种含义不同的符号表示的，图纸符号包括图例、构件代号、剖切符号、索引符号、指北针、风玫瑰图等。

1) 剖切符号

假想用一个面将物体切开，在反映物体被剖切的位置处用剖切符号表示。

剖视的剖切符号由剖切位置线及剖视方向线组成，均用粗实线绘制。剖切位置线的长度宜为 6～10mm；剖视方向线垂直于剖切位置线，长度短于剖切位置线，宜为 4～6mm（如图 1-23所示）。也可采用国际统一和常用的剖视方法，如图 1-24 所示。剖视的剖切符号不应与其他图线相接触。剖切符号的编号宜采用粗阿拉伯数字，按顺序由左至右、由下至上连续编排，编号注写在剖视方向线的端部。需要转折的剖切位置线，应在转角的外侧加注与该符号相同的编号。

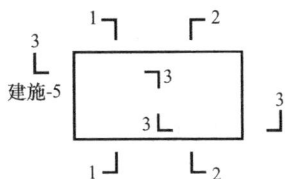

图 1-23　剖视的剖切符号（一）　　图 1-24　剖视的剖切符号（二）

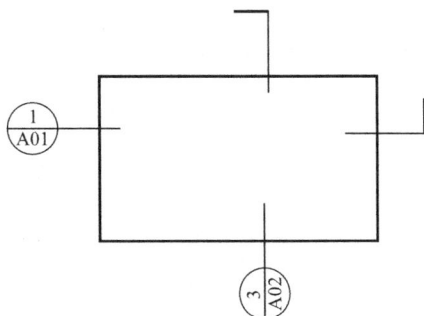

断面的剖切符号只用剖切位置线表示，用粗实线绘制，长度宜为 6～10mm。断面剖切符号的编号宜采用阿拉伯数字，按顺序连续编排，注写在剖切位置线的一侧；编号所在的一侧应为该断面的剖视方向，如图 1-25 所示。

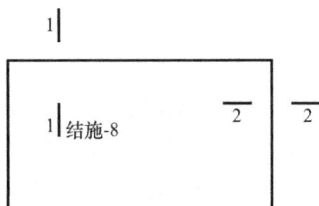

图 1-25　断面的剖切符号

剖面图或断面图，如与被剖切图样不在同一张图内，可在剖切位置线的另一侧注明其所在图纸的编号，也可以在图上集中说明。

2）索引符号和详图符号

在平、立、剖面图中某一局部或构件，需要另绘出详图时，应以索引符号索引。索引符号是由直径为 8～10mm 的圆和水平直径组成，均应以细实线绘制。索引符号按规定编写，索引出的详图的表示方法如图 1-26 所示。需要标注比例时，文字在索引符号右侧或延长线下方，与符号下对齐。

索引符号如用于索引剖视详图，应在被剖切的部位绘制剖切位置线，并以引出线引出索引符号，引出线所在的一侧应为投射方向。如图 1-27 所示。

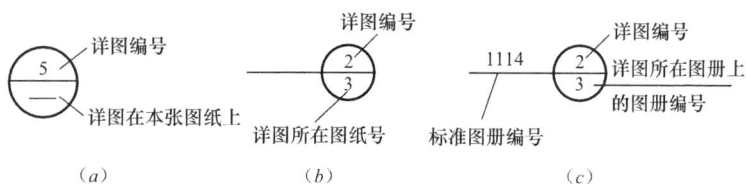

图 1-26　详图索引符号

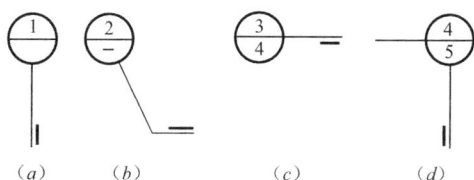

图 1-27　剖切详图索引符号

零件、钢筋、杆件、设备等的编号直径以 5～6mm 的细实线圆表示，同一图样应保持一致，其编号应用阿拉伯数字按顺序编写。消火栓、配电箱、管井等的索引符号，直径以 4～6mm 为宜。

详图的位置和编号，用详图符号表示。详图符号的圆应以直径为 14mm 粗实线绘制。详图与被索引的图样同在一张图纸内时，在详图符号内用阿拉伯数字注明详图的编号；详图与被索引的图样不在同一张图纸内时，表示方法如图 1-28 所示。

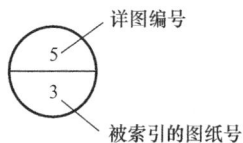

图 1-28　与被索引的图样不在同一张图纸内详图符号

3）引出线

引出线以细实线绘制，宜采用水平方向的直线、与水平方向成 30°、45°、60°、90°的直线，或经上述角度再折为水平线。文字说明宜注写在水平线的上方，也可注写在水平线的端部。索引详图的引出线，应与水平直径线相连接，如图 1-29 所示。同时引出几个相同部分的引出线，宜互相平行，也可画成集中于一点的放射线图如图 1-30 所示。

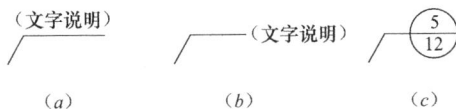

图 1-29　引出线

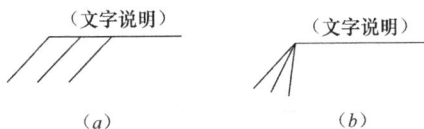

图 1-30　共用引出线

多层构造或多层管道共用引出线，应通过被引出的各层。文字说明宜注写在水平线的上方，或注写在水平线的端部，说明的顺序应由上至下，并应与被说明的层次相互一致；如层次为横向排序，则由上至下的说明顺序应与左至右的层次相互一致，如图 1-31 所示。

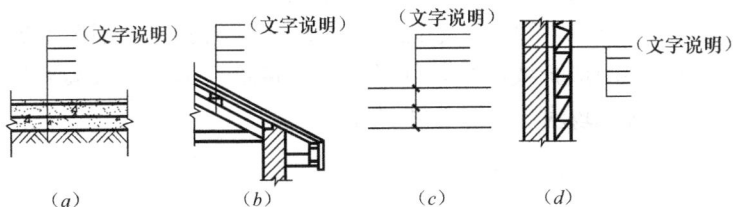

图 1-31　多层构造引出线

4）对称符号

由对称线和两端的两对平行线组成。对称线用细单点画线绘制；平行线用细实线绘制，其长度宜为 6～10mm，每对的间距宜为 2～3mm；对称线垂直平分于两对平行线，两端超出平行线宜为 2～3mm，如图 1-32 所示。

5）连接符号

用折断线表示需连接的部位。两部位相距过远时，折断线两端靠图样一侧应标注大写拉丁字母表示连接编号。两个被连接的图样必须用相同的字母编号，如图 1-33 所示。

6）指北针

形状宜如图 1-34 所示，其圆的直径宜为 24mm，用细实线绘制；指针尾部的宽度宜为 3mm，指针头部应注"北"或"N"字。需用较大直径绘制指北针时，指针尾部宽度宜为直径的 1/8。

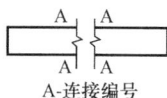

图 1-32　对称符号　　图 1-33　连接号　　图 1-34　指北针

7）变更云线

对图纸中局部变更部分宜采用云线并注明修改版次，如图 1-35 所示。

8）风向频率玫瑰图

它是用来表示该地每年风向频率的图形，它以坐标及斜线定出十六个方向，根据该地区多年平均统计的各方向刮风次数的百分值绘制成折线图形，好像花朵，建筑上称它为风频率玫瑰图，简称风玫瑰。如图 1-36 所示。

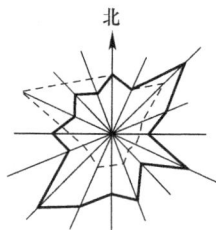

图 1-35　变更云线（注：1 为修改次数）　图 1-36　风玫瑰

（7）图例和构件代号

图例是建筑工程施工图上用图形表示一定含义的符号。它是表示图样内容和含义的标志。材料图例是按照"国标"要求

22

表示材料或构件的图形，见表 1-10。常用建筑构件及配件图例和说明见表 1-11。

使用时，图例比例不作具体规定，根据图样大小而定。两个相同的图例相接时，图例线宜错开或使倾斜方向相反。

常用建筑材料图例 表 1-10

序号	名称	图例	备注
1	自然土壤		包括各种自然土壤
2	夯实土壤		
3	砂、灰土		靠近轮廓线绘较密的点
4	砂砾石、碎砖三合土		
5	石材		
6	毛石		
7	普通砖		包括实心砖、多孔砖、砌块等砌体。断面较窄不易绘出图例线时，可涂红，并在图纸备注中加注说明，画出该材料图例
8	耐火砖		包括耐酸砖等砌体
9	空心砖		指非承重砖砌体
10	饰面砖		包括铺地砖、马赛克、陶瓷锦砖、人造大理石等
11	焦渣、矿渣		包括与水泥、石灰等混合而成的材料
12	混凝土		1. 本图例指能承重的混凝土 2. 包括各种强度等级、骨料、添加剂的混凝土 3. 在剖面图上画出钢筋时，不画图例线 4. 断面图形小，不易画出图例线时，可涂黑
13	钢筋混凝土		

23

序号	名称	图例	备注
14	多孔材料		包括水泥珍珠岩、沥青珍珠岩、泡沫混凝土、非承重加气混凝土、软木、蛭石制品等
15	纤维材料	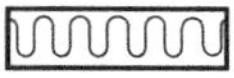	包括矿棉、岩棉、玻璃棉、麻丝、木丝板、纤维板等
16	泡沫塑料材料	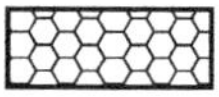	包括聚苯乙烯、聚乙烯、聚氨酯等多孔聚合物类材料
17	木材		1.上图为横断面，上左图为垫木、木砖或木龙骨 2.下图为纵断面
18	胶合板		应注明为×层胶合板
19	石膏板	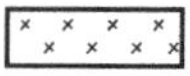	包括圆孔、方孔石膏板，防水石膏板、硅钙板、防火板等
20	金属		1.包括各种金属 2.圆形小时，可涂黑
21	网状材料		1.包括金属、塑料网状材料 2.应注明具体材料名称
22	液体	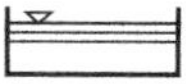	应注明具体液体名称
23	玻璃		包括平板玻璃、磨砂玻璃、夹丝玻璃、钢化玻璃、中空玻璃、夹层玻璃、镀膜玻璃等
24	橡胶		
25	塑料		包括各种软、硬塑料及有机玻璃等
26	防水材料		构造层次多或比例大时，采用上面图例
27	粉刷		本图例采用较稀的点

注：表内各图例（除9）中的斜线、短斜线、交叉斜线等均为45°。

常用建筑构件及配件图例和说明   表 1-11

序号	名称	图例	说明
1	墙体		应加注文字或填充图例表示墙体材料，在项目设计图纸说明中列材料图例给予说明
2	隔断		1. 包括板条抹灰、木制、石膏板、金属材料隔断 2. 适用于到顶与不到顶隔断
3	栏杆		
4	楼梯	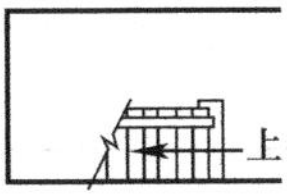 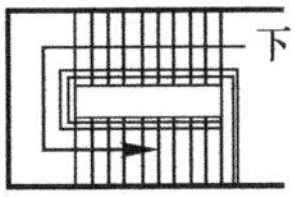 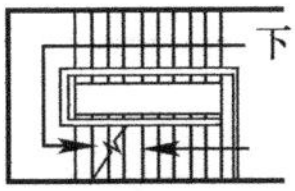	1. 上图为底层楼梯平面，中图为中间层楼梯平面，下图为顶层楼梯平面 2. 楼梯及栏杆扶手的形式和梯段踏步数应按实际情况绘制
5	封闭式电梯	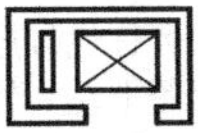	
6	坡道	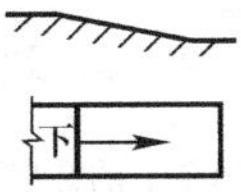 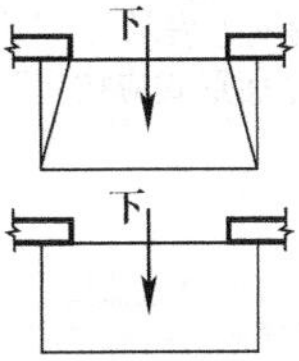	上图为长坡道，下图为门口坡道

序号	名称	图例	说明
7	平面高差	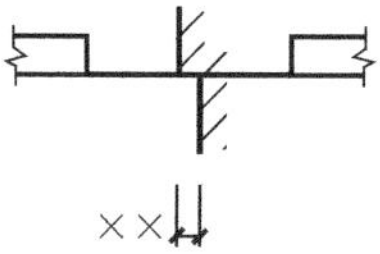	适用于高差小于 100 的两个地面或楼面相接处
8	通风道	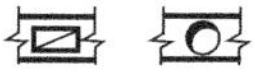	
9	检查孔		左图为可见检查孔，右图为不可见检查孔
10	孔洞		阴影部分可以涂色代替
11	坑槽		
12	空门洞		
13	单扇门		
14	双扇门		1. 门的名称代号用 M 表示。
15	单扇双面弹簧门		2. 剖面图上左为外、右为内，平面图上下为外、上为内。
16	双扇双面弹簧门		3. 立面图上开启方向线交角的一侧为安装合页的一侧，实线为外开，虚线为内开。
17	推拉门	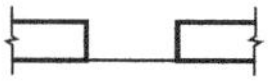	4. 平面图上的开启弧线及立面图上的开启方向线在一般设计图上不需表示，仅在制图上表示。
18	转门		5. 立面形式应按实际情况绘制

序号	名称	图例	说明
19	单层固定窗	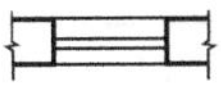	1. 窗的名称代号用 C 表示。 2. 立面图中的斜线表示窗的开启方向，实线为外开，虚线为内开；开启方向线交角的一侧为安装合页的一侧，一般设计图上可不表示。 3. 剖面图上左为外、右为内，平面图上下为外、上为内。 4. 平、剖面图上的虚线仅说明开关方式，在设计图中不需表示。 5. 窗的立面形式应按实际情况绘制
20	单层外开平开窗		
21	百叶窗	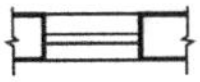	
22	高窗	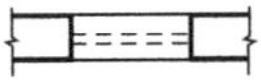	
23	污水池、地漏		
24	澡盆	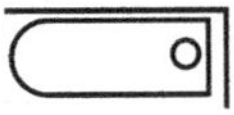	
25	洗手盆		
26	消防栓		
27	配电盘		

注：表内各图例中的斜线、短斜线、交叉斜线等均为45°。

构件代号是为书写简便，在图纸上一般用汉语拼音第一个字母代替构件名称。常用构件代号见表1-12。

常用构件代号表　　　　　　　　　　表 1-12

序号	名称	代号	序号	名称	代号	序号	名称	代号
1	板	B	24	框架梁	KL	47	构造边缘暗柱	GJZ
2	屋面板	WB	25	框支梁	KZL	48	构造边缘端柱	GDZ
3	空心板	KB	26	连梁（无交叉暗撑、钢筋）	LL	49	构造边缘翼墙柱	GYZ

序号	名称	代号	序号	名称	代号	序号	名称	代号
4	槽形板	CB	27	连梁（有交叉暗撑）	LL(JA)	50	构造边缘转角墙柱	GJZ
5	折板	ZB	28	连梁（有交叉钢筋）	LL(JG)	51	约束边缘暗柱	YAZ
6	密肋板	MB	29	暗梁	AL	52	约束边缘端柱	YDZ
7	楼梯板	TB	30	井字梁	JZL	53	约束边缘翼墙柱	YYZ
8	盖板或沟盖板	GB	31	封堵梁	FDL	54	约束边缘转角墙柱	YJZ
9	挡雨板或檐口板	YB	32	屋面框架梁	WKL	55	非边缘暗柱	AZ
10	吊车安装走道板	DB	33	檩条	LT	56	扶壁柱	FBZ
11	墙板	QB	34	屋架	WJ	57	基础	J
12	天沟板	TGB	35	托架	TJ	58	设备基础	SJ
13	梁	L	36	天窗架	CJ	59	桩	ZH
14	屋面梁	WL	37	天窗端壁	TD	60	承台	CT
15	吊车梁	DL	38	柱间支撑	ZC	61	挡土墙	DQ
16	单轨吊车梁	DDL	39	垂直支撑	CC	62	地沟	DG
17	轨道连接	DGL	40	水平支撑	SC	63	梯	T
18	车挡	CD	41	框架	KJ	64	雨篷	YP
19	圈梁	QL	42	刚架	GJ	65	阳台	YT
20	过梁	GL	43	支架	ZJ	66	梁垫	LD
21	连系梁	LL	44	柱	Z	67	预埋件	M
22	基础梁	JL	45	框架柱	KZ	68	钢筋网	W
23	楼梯梁	TL	46	构造柱	GZ	69	钢筋骨架	G

注：1. 预制钢筋混凝土构件、现浇钢筋混凝土构件、钢构件和木构件，一般可直接采用本表中的构件代号。在绘图中，当需要区别上述构件的材料种类时，可在构件代号前加注材料代号，并在图纸中加以说明。

2. 预应力钢筋混凝土构件的代号，应在构件代号前加注"Y"，如 YDL 表示预应力钢筋混凝土吊车梁。

(8) 尺寸标注

尺寸是图纸的重要内容，因为用图线画出的图样仅表示出了物体的形状，而物体的真实大小是由图样上所标注的实际尺寸来确定的，尺寸是施工的依据。所以标注尺寸必须认真细致、完整清晰、正确无误。

1）尺寸的组成

在建筑工程图中，图样上标注的尺寸由尺寸线、尺寸界线、尺寸起止符号和尺寸数字组成，如图1-37所示。

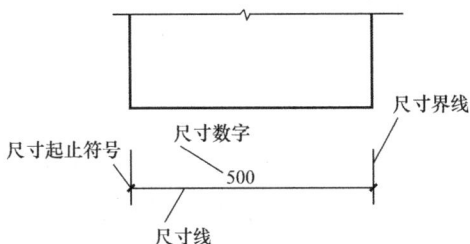

图1-37 尺寸的组成

① 尺寸界线

尺寸界线应用细实线绘制，一般应与被注长度垂直，其一端应离开图样轮廓线不小于2mm，另一端宜超出尺寸线2～3mm。必要时，图样轮廓线、中心线及轴线都允许用作尺寸界线，如图1-38（a）、（b）所示。

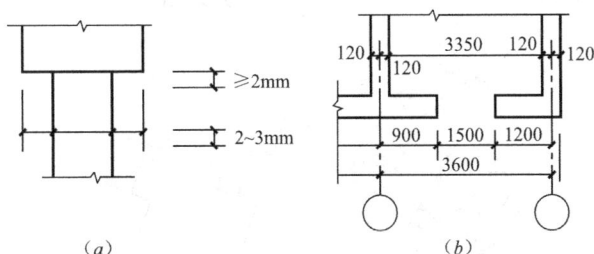

图1-38 尺寸界线

② 尺寸线

尺寸线应用细实线绘制，并应与被标注的长度平行，且不宜超出尺寸界线，如图1-37所示。图样本身的任何图线均不得用作尺寸线。

③ 尺寸起止符号

尺寸线与尺寸界线的相交点是尺寸的起止点。在起止点处画出表示尺寸起止的中粗斜短线，称为尺寸的起止符号。中粗斜短线的倾斜方向应与尺寸界线成顺时针45°角，长度宜为2～3mm，如图1-37所示。

半径、直径、角度与弧长的尺寸起止符号宜用箭头表示。如图1-39所示。

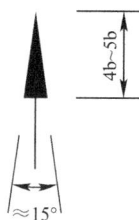

图1-39 箭头尺寸起止符号

④ 尺寸数字

在建筑工程图上，尺寸数字一律用阿拉伯数字标注，与绘图所用的比例无关，标注的是工程形体实际尺寸。图样上的尺寸，应以尺寸数字为准，不得从图上直接量取。

图样上的尺寸单位，除标高及总平面图以米（m）为单位外，其余均必须以毫米（mm）为单位。因此，图样上的尺寸数字无需注写单位。

尺寸数字的方向，应按图1-40（a）的规定注写。若尺寸数字在30°斜线区内，宜按图1-40（b）的形式注写。

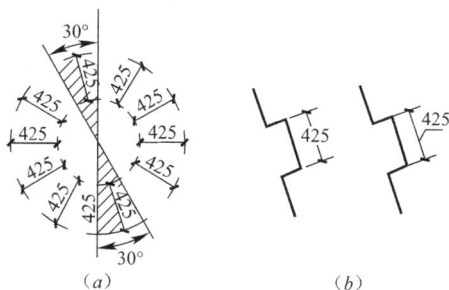

图1-40 尺寸数字的注写方向

尺寸数字一般应依据其读数方向注写在靠近尺寸线的上方中部，如没有足够的注写位置，最外边的尺寸数字可注写在尺寸界线的外侧，中间相邻的尺寸数字可错开注写，也可以引出注写，如图 1-41 所示。

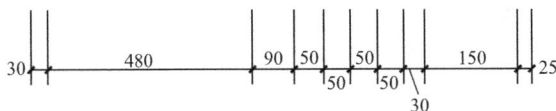

30   480   90 50 50   150   25
                  50   50
                      30

图 1-41　尺寸数字的注写位置

2）尺寸标注时应注意：

尺寸宜标注在图样轮廓线以外，不宜与图线、文字及符号等相交。图线不得穿过尺寸数字，不可避免时，应将尺寸数字处的图线断开，如图 1-42（*a*）、（*b*）所示。

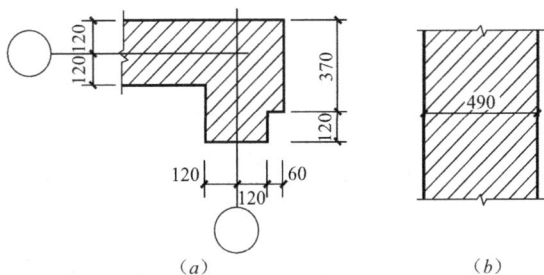

（*a*）　　　　　　　（*b*）

图 1-42　尺寸的标注
（*a*）尺寸不宜与图线相交；（*b*）尺寸数字处图线应断开

互相平行的尺寸线，应从被标注的图样轮廓线由近向远整齐排列，较小尺寸应离轮廓线较近，较大尺寸应离轮廓线较远。

图样轮廓线以外的尺寸线，距图样最外轮廓线之间的距离，不宜小于 10mm。平行排列的尺寸线的间距，宜为 7～10mm，并应保持一致。

总尺寸的尺寸界线，应靠近所指部位，中间分尺寸的尺寸界线可稍短，但其长度应相等。如图 1-43 所示。

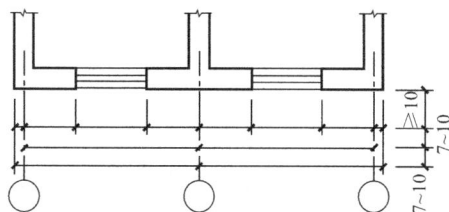

图 1-43 尺寸的排列

3）特殊情况下的尺寸标注

① 半径、直径、球的尺寸标注

半径的尺寸线，应一端从圆心开始，另一端画箭头指至圆弧。半径数字前应加注半径符号"R"，如图 1-44（a）所示。较小圆弧的半径标注形式所示如图 1-44（b）所示。较大圆弧的半径标注形式如图 1-44（c）所示。半圆或小于半圆的圆弧应标注半径。

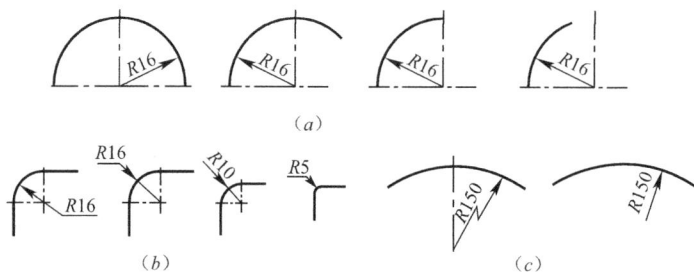

图 1-44　半径尺寸标注方法

标注圆的直径尺寸时，直径数字前，应加符号"ϕ"。在圆内标注的直径尺寸线应通过圆心，两端画箭头指至圆弧，如图 1-45（a）所示。较小圆的直径尺寸，可标注在圆外，如图 1-45（b）所示，也可以直径箭头从外向内指向圆弧。大于半圆的圆弧，标注的直径尺寸线一端应通过圆心，另一端画箭头指至圆弧，如图 1-45（c）所示。圆或大于半圆的圆弧应标注直径。

32

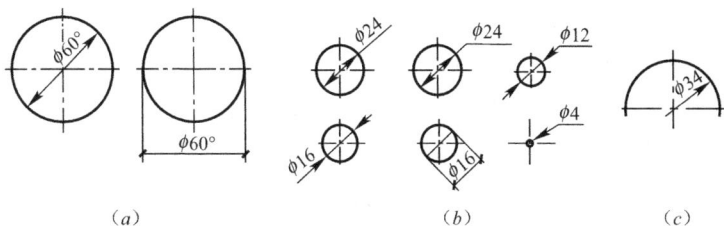

图 1-45　直径尺寸标注方法

　　标注球的半径尺寸时，应在尺寸前加注符号"SR"。标注球的直径尺寸时，应在尺寸数字前加注符号"SΦ"。注写方法与圆弧半径和圆直径的尺寸标注方法相同。

　　② 角度、弧度、弧长的标注

　　角度的尺寸线应以圆弧表示。该圆弧的圆心应是该角的顶点，角的两条边为尺寸界线。起止符号应以箭头表示，如没有足够位置画箭头，可用圆点代替，角度数字应按水平方向注写，如图 1-46（a）所示。

　　标注圆弧的弧长时，尺寸线应以与该圆弧同心的圆弧线表示，尺寸界线应垂直于该圆弧的弦，起止符号用箭头表示，弧长数字上方应加注圆弧符号"⌒"，如图 1-46（b）所示。

　　标注圆弧的弦长时，尺寸线应以平行于该弦的直线表示，尺寸界线应垂直于该弦，起止符号用中粗斜短线表示，如图 1-46（c）所示。

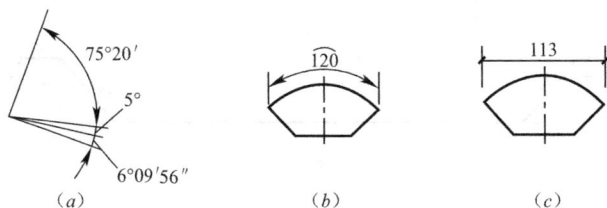

图 1-46　角度、弧度、弧长的标注
（a）角度标注方法；（b）弧长标注方法；（c）弦长标注方法

33

③ 坡度的标注

标注坡度时，应加注坡度符号。该符号为单面箭头，箭头应指向下坡方向。如图 1-47（a）、（b）所示。坡度也可用直角三角形形式标注，如图 1-47（c）所示。

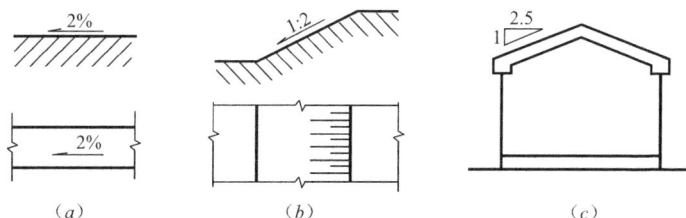

图 1-47　坡度标注方法

4) 尺寸的简化标注

杆件或管线的长度，在单线图（桁架简图、钢筋简图、管线简图）上，可直接将尺寸数字沿杆件或管线的一侧注写，如图 1-48 所示。

连续排列的等长尺寸，可用"个数×等长尺寸＝总长"的形式标注，如图 1-49 所示。

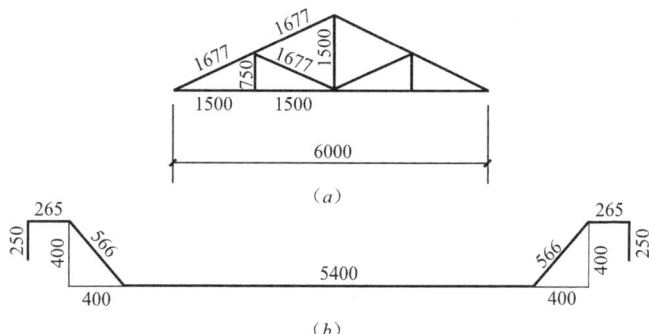

图 1-48　单线图尺寸标注方法

另外，构配件内的构造因素（如孔、槽等）如相同，可仅标注其中一个要素的尺寸。

对称构配件采用对称省略画法时，该对称构配件的尺寸线应略超过对称符号，仅在尺寸线的一端画尺寸起止符号，尺寸数字应按整体全尺寸注写，其注写位置宜与对称符号对齐。两个构配件，如个别尺寸数字不同，可在同一图样中将其中一个构配件的不同尺寸数字注写在括号内，该构配件的名称也应注写在相应的括号内，如图1-50所示。

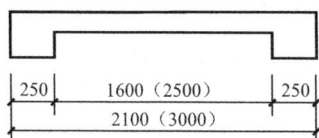

图1-49　等长尺寸简化标注方法

图1-50　相似构件尺寸标注方法

数个构配件，如仅某些尺寸不同，这些有变化的尺寸数字，可用拉丁字母注写在同一图样中，另列表格写明其具体尺寸。

5）标高

标高是表示建筑物某一部位以某点为基准的相对高度，以米（m）为单位，精确到小数点后三位数，在总平面图上可精确到小数点后两位。标高分为绝对标高和相对标高两种。

绝对标高：以平均海平面（我国以青岛黄海海平面为基准）作为大地水准面，将其高程作为标高零点，地面地物与基准点的高度差就称为绝对标高。

相对标高：也称为建筑标高，其标高基准面根据工程需要可自行选定。通常是以所建房屋的首层室内地面的高度作为零点（±0.000），计算该房屋与之的相对高差，其高差称为标高。

标高符号应以直角等腰三角形表示，用细实线绘制。标高符号的具体画法如图1-51所示。其中图1-51（b）为标注位置不够时可表示的方法。总平面图室外地坪标高符号，用涂黑的三角形表示，如图1-51（c）所示。

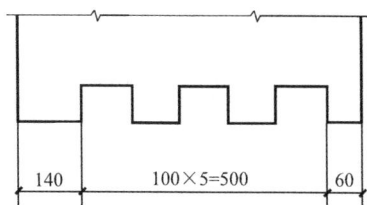

35

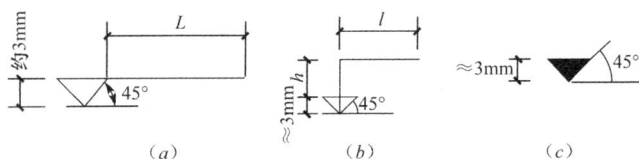

图 1-51　标高标注方法

t-取适当长度注写标高数字；*h*-根据需要取适当高度

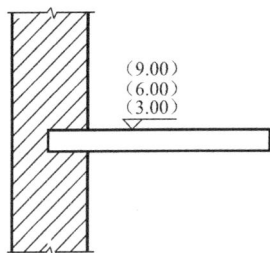

图 1-52　同一位置注写
多个标高数字

标高符号的尖端应指至被注高度的位置。尖端一般应向下，也可向上。标高数字应注写在标高符号的上侧或下侧。

零点标高应注写成±0.000，正数标高不注"＋"，负数标高应注"－"，例如 5.000、－0.600。

在图样的同一位置需表示几个不同标高时，标高数字可按图 1-52 的形式注写。

3. 建筑工程施工图的分类

普通脚手架架子工在搭设脚手架前，首先要了解建筑物的轮廓，看懂脚手架方案图，因此必须先学会看建筑工程的施工图。施工图是建造房屋的主要依据，具有法律效力。施工人员必须按照图纸要求施工，不得任意更改。

（1）建筑工程施工图的种类

建筑工程施工图是组织、指导施工，编制施工预算，进行各项经济、技术管理的主要依据。因此，一套建筑工程施工图纸根据内容和作用的不同一般分为：建筑总平面图、建筑施工图（简称"建施"）、结构施工图（简称"结施"）和设备施工图（简称"设施"）。设备施工图通常又包括给水排水、采暖通风、电气照明等三大类专业施工图。各专业图纸又分为基本图和详图两部分。基本图纸表明全局性的内容；详图表明某一构件或某一局部的详细尺寸和材料、做法等。

除此之外，一套完整的施工图还有图纸目录、设计总说明、门窗表等。

（2）施工图的编排顺序

一套施工图是由几个专业几张、几十张甚至几百张图纸组成。为了方便识读，应按统一的顺序装订。一般按专业顺序编排：图纸目录、总说明、材料做法表、总平面图、建筑施工图、结构施工图、给排水施工图、采暖通风施工图、电气施工图的顺序来编排。各专业施工图应按图纸内容的主次关系、逻辑关系进行分类排序。全局性的图纸在前，局部性的图纸在后，如基础图在前，详图在后；主要部分在前，次要部分在后；先施工的图在前，后施工的图在后等。

1）图纸目录：主要说明该工程由哪些专业图纸组成，各类每张图样的名称、内容、图号等。

2）总说明：主要说明工程的概况和总要求。内容包括设计依据、设计标准、施工要求等。具体包括建筑物的位置、坐标和周围环境；建筑物的层数、层高、相对标高与绝对标高；建筑物的长度和宽度；主出入口与次出入口；建筑物占地面积、建筑面积、平面系数；地基概况、地耐力强度；使用功能和特殊要求简述等。一般门窗汇总表也列在总说明页中。

3）总平面图：简称"总施"，是表明新建建（构）筑物所在的地理位置和周围环境的总体平面布置图。其主要内容有：建筑物的外形，建筑物周围的地物或旧建筑，建成后的道路、绿化、水源、电源、下水干线的位置，有的还包括标高、排水坡度等以及水准点、指北针和"风玫瑰"，如在山区还标有等高线。

4）建筑施工图：主要表示新建建筑物的外部造型、内部各层平面布置以及细部构造、屋顶平面、内外装修和施工要求等。包括建筑总平面图、建筑物的平面图、立面图、剖面图和详图。

5）结构施工图：主要说明建筑的结构设计内容。包括结构构造类型、承重结构的布置、各构件的规格和材料作法及施工要求等。其图纸主要有基础平面图、各楼层和屋面结构平面布置图、柱、梁详图和楼梯、阳台、雨篷等构件详图等。

6）给水排水施工图：表示给水和排水系统的各层平面布置，管道走向及系统图，卫生设备和洁具安装详图。

7）暖通空调施工图：表示室内管道走向、构造和安装要求，各层供暖和通风的平面布置和竖向系统图以及必要的详图。

8）电气施工图：表示动力与照明电气布置、线路走向和安装要求、灯具位置。包括平面图和系统图以及必要的电气设备、配电设备详图。

9）设备施工图：设备施工图表示设备位置、走向和设备基础、设备安装图。

（3）施工图的识图方法

识读图纸时，一般看图的方法是：由外向里看，由大到小看，由粗至细看，图样与说明互相看，建筑图与结构图对照看。重点看轴线及各种尺寸关系。采取这种看图的方法就能收到较好的看图效果。归纳起来，识读整套图纸时，应按照"总体了解、顺序识读、前后对照、重点细读"的方法读图。

1）总体了解

在拿到建筑施工图后，一般是先看目录、总平面图和施工总说明，以了解是什么建筑物，建筑面积有多少，大致了解工程的概况：如工程设计单位、建设单位、新建房屋的位置、周围环境、施工技术要求等，共有多少张图纸。对照图纸目录检查各类图纸是否齐全，图纸编号与图名是否符合，采用了哪些标准图并备齐这些标准图，准备在手边以便随时查阅。然后看建筑平、立、剖面图，大体上想象一下建筑物的立体形象及内部布置。待图纸查阅齐全了就可以开始按顺序看图。

2）顺序识读

在总体了解建筑物的情况以后，根据施工的先后顺序，先看设计总说明，了解建筑概况和技术、材料要求等，然后按图纸目录顺序往下看。先看总平面图，了解建筑物的地理位置、高程、朝向以及相关建筑的情况等。在看完总平面图后，再看建筑平面图，了解房屋的总长度、总宽度、轴线尺寸、开间大小、一般布局等，然后再看立面图和剖面图，从而达到对这栋建筑物有一个总体的了解。最好通过看这三种施工图，能在自己的头脑中形成这栋房屋的立体形象，能想象出它的规模和轮廓。

看图时，可以从基础图开始一步步地深入下去。如从基础的类型、挖土的深度、基础的尺寸、构造、轴线位置等开始仔细地阅读。可以按"基础→结构→建筑（包括详图）→装修"这样的施工顺序仔细阅读有关图纸。

3）前后对照

读图时，要注意平面图、剖面图对照着读，建筑施工图与设备施工图对照着读，做到对整个工程施工情况及技术要求心中有数。

4）重点细读

根据工种的不同，将有关专业施工图的重点部分再仔细读一遍，将遇到的问题记录下来，及时向技术部门反映。

图纸全部看完后，可按与不同工种有关的施工部分再将图纸细看，以详细了解所要施工的部分。在必要时可以边看图边做笔记，记下关键的内容，以供备查。这些关键的问题包括：轴线尺寸、开间尺寸、层高、楼高、主要梁、柱的截面尺寸、长度、高度；混凝土强度等级、砂浆强度等级等。还要结合每个工序仔细看与施工有关部分的图纸。

4. 建筑施工图识读

建筑施工图是设计师根据技术条件和标准绘制的，能够准确地表示出建筑物的外形模样、尺寸大小、结构构造和材料做法的图样。在建筑物的全套施工图中，建筑施工图是最主要的，其他施工图如结构、给水排水等均以建筑施工图为依据进行配套设计。建筑施工图决定建筑物的位置、外观、内部布置以及装饰装修、防水做法和施工需要的材料、施工要求的详图，主要用来作为放线、装饰装修等的施工依据。

（1）图纸目录和总说明的识读

1）图纸目录

识图先看目录，图纸目录具有组织编排图纸、便于查阅的作用。图纸目录有两种：一种是列出建筑、结构、水暖、电气等全部图纸的目录，另一种是按专业列目录。目录列出了图别（建施、结施、水施……）、图号、图名和备注。图名应和该页图上的图名一致。在目录中，新设计的图纸在前，选用的标准图或重复使用的图纸在后。从图纸目录可以看到该工程是由哪些专业图纸组成，每张图纸的图别编号和页数。

2）总说明

总说明包括下列内容：施工图的设计依据；建筑物的建筑面积、设计规模和应有的技术经济指标，如平面系数、防水等级、建筑标准等；相对标高与绝对标高的关系；地基与水文地质情况，地基承载力等。

3）用料及做法表

用料及做法是总说明的重要组成部分，该表将建筑物的室内外各处构造、用料和做法进行了汇总说明。除局部构造在详图上表明外，通用做法都包括在作法说明中。如混凝土和砂浆强度等级；墙身防潮层、屋面、外墙、散水、台阶等的做法；各种房间、走廊、盥洗室、厕所等装饰装修做法；特殊要求（如防火）做法；采用新技术新材料的做法说明。

4）门窗表

对新建建筑物所设计的门窗材质、代号、数量等统一列表说明。

（2）建筑总平面图的阅读

建筑总平面图反映新建、拟建工程的总体布局，表示原有的和新建房屋的位置、标高、道路、构筑物、地形地貌、当地风向和建筑物的朝向等情况。根据总平面图可以进行房屋定位、施工放线、土方施工和施工总平面布置。

阅读总平面图时，了解新建建筑物的性质、所在的地形、周围环境、道路布置、绿化、水源、电源情况。依照参考坐标确定新建工程或扩建工程的具体位置，按图样比例，确定建筑物的总长度及总宽度，了解地坪绝对标高及室内外高差。如图 1-53 所示。

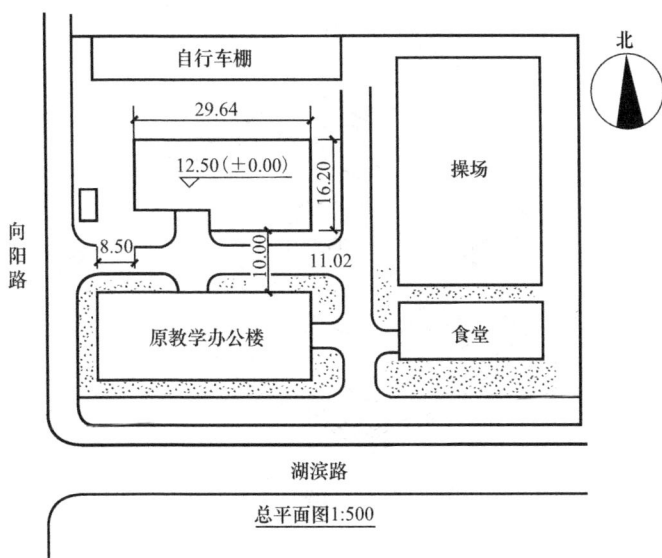

图 1-53　总平面图示例

(3) 建筑施工平面图的识读

为了解建筑物内部的有关情况，假想用一个水平的剖切平面沿略高于窗台的位置将房屋剖切开，移走剖切平面以上部分，从上往下看到的切面以下部分的水平投影图，称为建筑平面图，简称平面图。如图 1-54 所示。

建筑平面图反映出房屋的形状、大小及房间的布置，墙、柱的位置和厚度，门窗的类型和位置等。因此它是施工过程中放线、砌墙、安装门窗、室内装修等的依据；也是编制施工预算，进行施工备料，做施工准备等工作的重要依据。

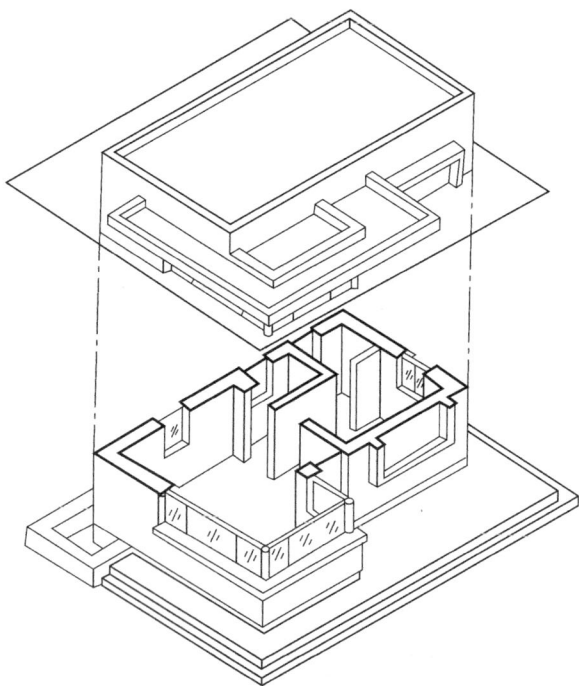

图 1-54 平面图的形成

1）建筑平面图基本内容

① 建筑物的尺寸：建筑物外形尺寸、建筑面积，房屋开间及进深的尺寸，门窗洞口及墙体的尺寸，墙厚及柱子的平面尺寸。另外还有台阶、散水、阳台、雨篷等尺寸。

② 建筑物的形状，朝向以及各种房间、走廊、出入口，楼（电）梯、阳台等平面布置情况和相互关系。

③ 建筑物地面标高，例如首层室内地面标高±0.000，楼梯间休息平台、高窗、预留孔洞及预埋件等则分别标出各自标高或中心标高。

④ 门窗的种类，门窗洞口的位置，开启方向、门窗编号，过梁及其他构配件编号等。

⑤ 剖切线位置，局部详图和标准配件的索引号和位置。

⑥ 其他专业（水、暖、电工等）对土建要求设置的坑、台、槽、水池、电闸箱、消火栓、雨水管等以及在墙上或楼板上预留孔洞的位置和尺寸。

⑦ 除一般简单的装修用文字注明外，较复杂的工程，还标明室内装修做法，包括地面、墙面、顶棚等的用料和做法。

⑧ 其他内容，如施工要求，砖、混凝土及砂浆强度等。

2）阅读平面图的方法

识读平面图一般是由外向里、由大到小、由粗到细，先看说明、再看图形。如图 1-55 所示，阅读平面图时的顺序和应注意了解的内容有：

① 先看标题栏，了解图名、图号、比例、设计人员、设计日期。

② 看建筑物的形状、朝向、房间布置、名称、长、宽及相对位置。

③ 看定位轴线编号及轴线间的距离。

④ 了解内外墙厚度及作法，与定位轴线的关系，窗间墙宽度以及构造柱的位置、类型等。

⑤ 了解室内外门、窗洞口位置、代号及门的开启方向以及门窗的尺寸及型号、数量、洞口、过梁的型号等。

⑥ 了解楼梯间的布置、楼梯段的踏步数和上下楼梯的走向；了解卫生间的位置、尺寸和布置。

⑦ 了解室外的台阶、散水的做法，屋面排水方式及防水做法，水落管位置与数量及阳台、变形缝等的位置和做法。

⑧ 了解标注的尺寸，首先了解室内外地面、各层楼面的标高以及高度有变化部位的标高，还要了解门窗洞口的定位尺寸和定形尺寸，房屋的开间和进深尺寸以及房屋的总长、总宽尺寸。

⑨ 看剖切线的位置，以便结合剖面图看懂其构造和做法。了解剖切符号和编号，各详图的索引符号以及采用标准构件的编号及文字说明等。

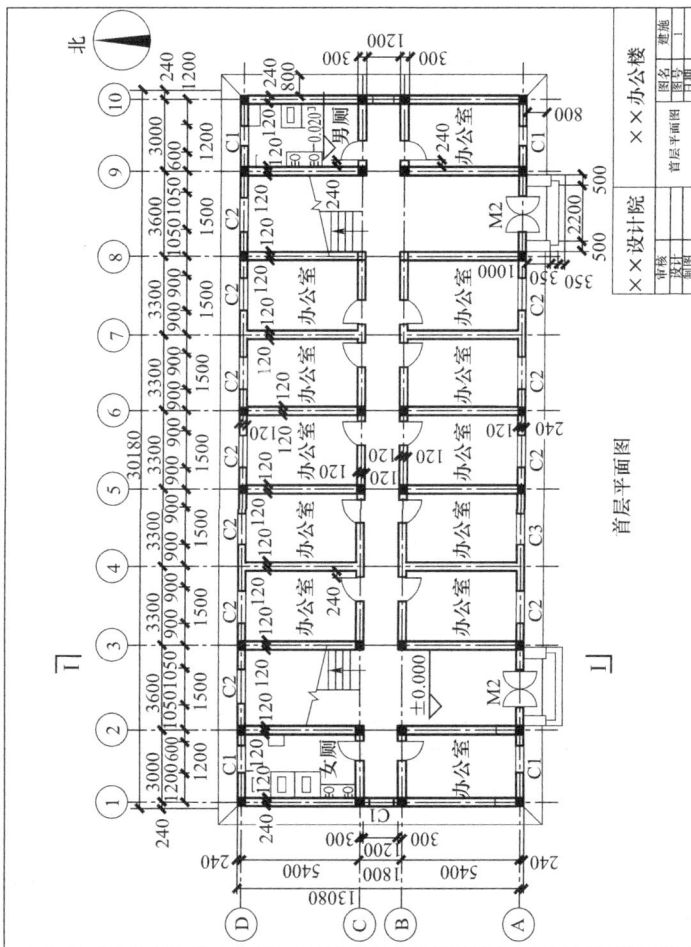

图 1-55 首层平面图示例

⑩ 看与安装工程有关的部位和内容，如各种穿墙（板）管道、预埋件、室内排水及卫生洁具的安装等。了解水、暖、电、煤气等工种对土建工程要求的水池、地沟、配电箱、消火栓、预埋件、墙或楼板上预留洞在平面图上的位置和尺寸。

⑪ 结合总说明了解施工要求，砖、砂浆及混凝土的强度要求等，并附有详图及文字说明等。

建筑平面图对楼房来讲原则上一层一个平面图，如果两层或更多层的平面布置完全相同，可以合用一个平面图，称为标准层。因此一般建筑平面图都有一层平面图、其他层或标准层平面图、设备层平面图、屋面平面图等。

屋面平面图与一般的建筑平面图不同，它主要表示屋面建筑物的位置、构造、屋面的坡度、排水方法、屋面结构剖面、各层做法以及女儿墙、变形缝、挑檐的构造做法等，屋面平面图如图 1-56 所示。注意屋顶平面图表示的屋顶形状、挑檐、坡度、分水线、排水方向、落水口及凸出屋面的电梯间、水箱间、烟囱、检查孔、屋顶变形缝、索引符号、文字说明等。

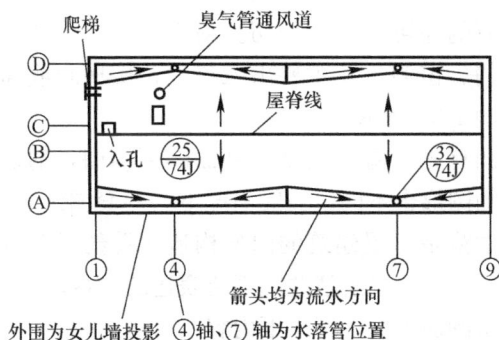

图 1-56　屋面平面图

（4）建筑施工立面图的识读

立面图是建筑物的侧视图，主要表示房屋的外貌特征和立面处理要求。主要有正立面、背立面和侧立面（也有按朝向分

45

东、西、南、北立面图）。立面图的名称宜根据两端定位轴线号编注。建筑立面图主要为室外装修所用。

阅读立面图应注意以下内容：

1）首先看清图标和比例，即看清是哪个立面，比例是多少。

2）了解建筑物的总高和各层的标高及室内外高差。

3）与平面图对照，了解房屋的外形、屋顶形式以及具体细部构造，如卫生间、门、窗、台阶、雨篷、阳台、挑檐、窗台、水落管等位置及构造。

4）了解立面各部位的外部装修做法和用料，某些局部构造做法或详图等。如图 1-57 所示。

（5）建筑施工剖面图的识读

假想用一个（必要时多个）剖切平面沿着房屋的横向或纵向，将房屋垂直剖切后，移开一部分，所观察得到的切面一侧部分的投影图，称为建筑剖面图。如图 1-58 所示。

建筑剖面图主要表示建筑物内部在高度方向的结构形式、高度尺寸、内部分层情况和各部位的联系，是与平面图、立面图配套的三大图样之一。根据剖切位置的不同、剖面图分为横剖和纵剖，有的还可以转折剖切。剖切位置要选在室内复杂的部位，通过门、窗洞口及主要出入口处、楼梯间或高度有变化的部位。如图 1-59 所示。

看剖面图首先应看清是哪个剖面的剖面图，剖切线位置不同，剖面图的图形也不同。一般情况下，一套图纸有 1～3 张剖面图就能表达清楚房屋建筑的内部构造。看剖面图时必须对照平面图一起看，才能了解清楚图纸所表达的内容。

阅读建筑剖面图应注意以下内容：

1）明确剖面图的剖切位置、投影方向。

2）了解建筑物的总高、室内外地坪标高、各楼层标高、门窗及窗台高度等。

3）建筑物主要承重构件（如梁、板与墙、柱）的相互关系、构造做法及结构形式等。如梁、板的位置与墙、柱的关系，屋顶的结构形式。

4）注意图中索引及文字说明，了解详细的位置、内容等。

5）楼地面、顶棚、屋面的构造及做法、窗台、檐口、雨篷、台阶等的尺寸及做法。

（6）建筑施工详图的识读

一般民用建筑除了建筑平面图、立面图和剖面图外，为了能详细说明某部位的结构构造和做法，常把这些部位绘制成施工详图。所谓详图是将平、立、剖面图中的某些部位需详细表述用较大比例而绘制的图样。

详图的内容广泛，凡是在平、立、剖面图中表述不清楚的局部构造和节点，都可以用详图表述。常见的施工详图有：外墙详图，楼梯间详图，台阶详图，厨房、浴室、厕所、卫生间详图，地下室底板、侧墙详图，屋面女儿墙构造详图。另外，如门、窗、楼梯扶手的构造，卫生设备的安装等，一般都有设计好的标准图册。

其内容主要有以下几个方面：

1）细部或部件的尺寸、标高。

2）细部或部件的构造，材料及做法。

3）部件之间的构造关系。

4）各部位标准做法的索引符号。

外墙详图是建筑剖面图中某一外墙的局部放大图（一般比例为1∶20），也可以是外墙某一部分的剖面图。这里以外墙详图（图1-60）为例加以说明。

外墙详图表示墙身由地面到屋顶各部位的构造、材料、施工要求及墙身部位的联系，所以外墙详图是砌墙、立门、窗口、室内外装修等施工和工程预算编制的重要依据。

阅读墙身详图应注意了解以下内容：

1）看勒角节点，了解勒脚和散水的做法以及室内地面的做法，防潮层的位置和做法。

2）看中间节点，了解墙体与圈梁、楼板的搭接关系，窗顶过梁的形式及组合方式、窗台做法、踢脚板等。

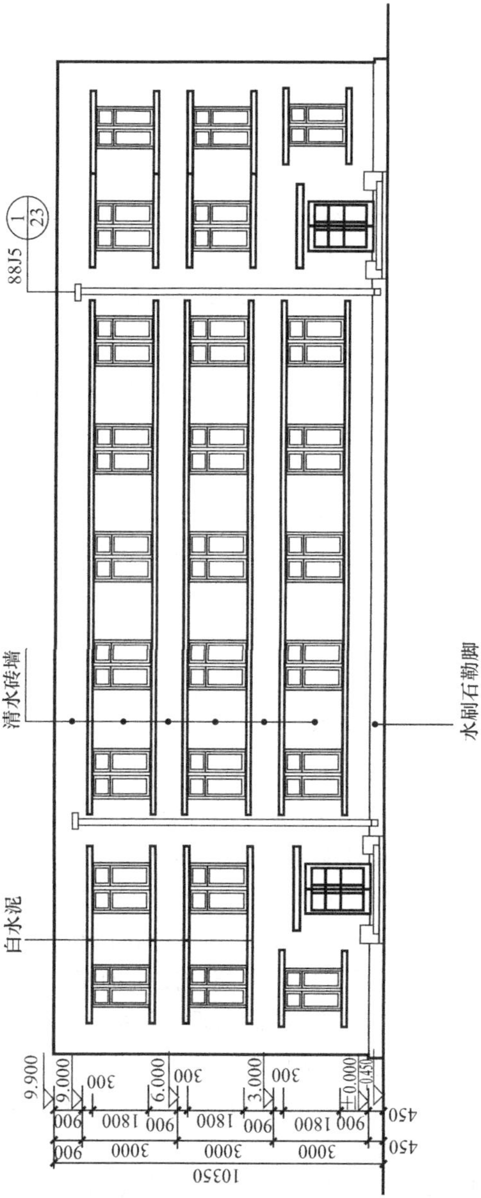

图1-57 建筑立面图图示例

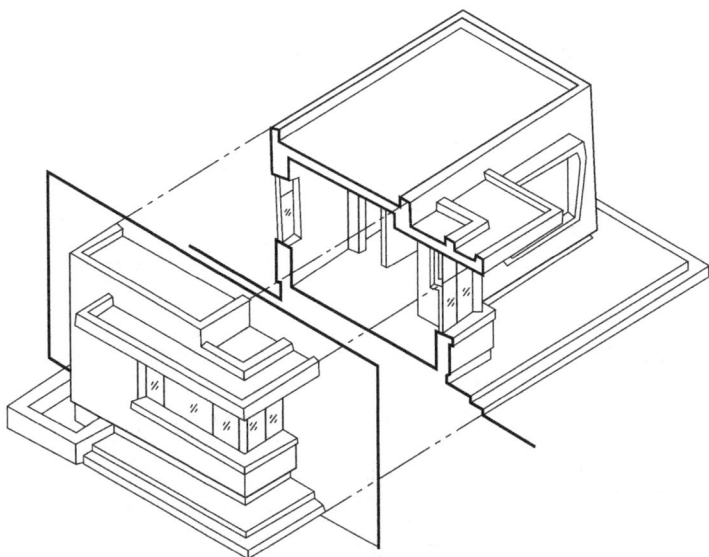

图 1-58　剖面图的形成

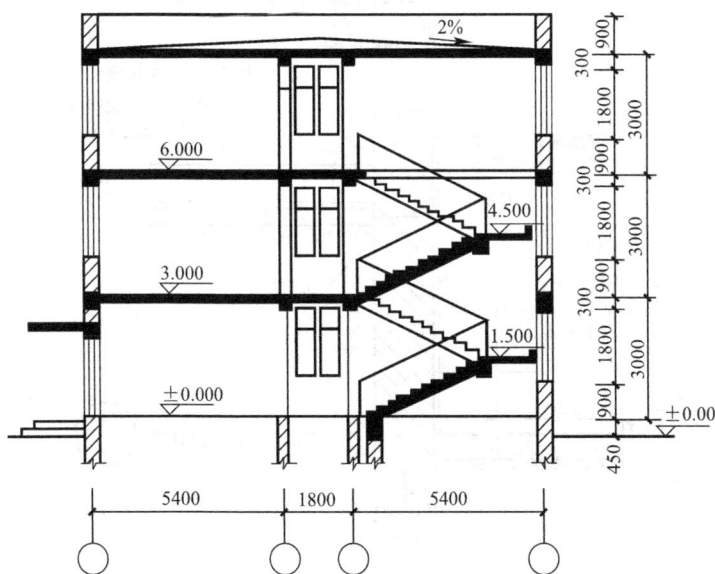

图 1-59　建筑剖面图示例

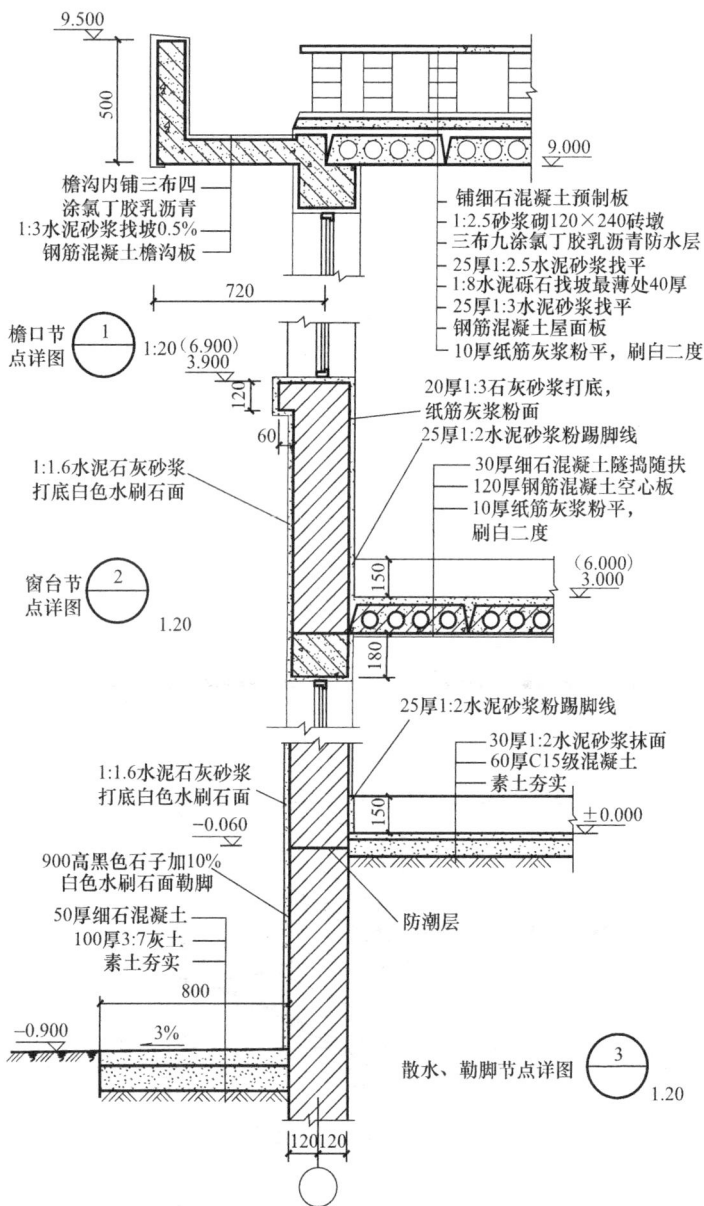

9.500

500

9.000

檐沟内铺三布四
涂氯丁胶乳沥青
1:3水泥砂浆找坡0.5%
钢筋混凝土檐沟板

铺细石混凝土预制板
1:2.5砂浆砌120×240砖墩
三布九涂氯丁胶乳沥青防水层
25厚1:2.5水泥砂浆找平
1:8水泥砾石找坡最薄处40厚
25厚1:3水泥砂浆找平
钢筋混凝土屋面板
10厚纸筋灰浆粉平，刷白二度

720

檐口节
点详图 1 1:20(6.900)
3.900

120

60

20厚1:3石灰砂浆打底，
纸筋灰浆粉面
25厚1:2水泥砂浆粉踢脚线

1:1.6水泥石灰砂浆
打底白色水刷石面

30厚细石混凝土隧捣随扶
120厚钢筋混凝土空心板
10厚纸筋灰浆粉平，
刷白二度

窗台节
点详图 2

1.20

150

180

(6.000)
3.000

25厚1:2水泥砂浆粉踢脚线

1:1.6水泥石灰砂浆
打底白色水刷石面

30厚1:2水泥砂浆抹面
60厚C15级混凝土
素土夯实

-0.060

150

±0.000

900高黑色石子加10%
白色水刷石面勒脚

50厚细石混凝土
100厚3:7灰土
素土夯实

防潮层

800

-0.900   3%

散水、勒脚节点详图 3

1.20

120 120

图 1-60 建筑剖面图

50

3）看檐口节点，可了解挑檐板、女儿墙及屋面的做法。

4）通过多层结构的外墙详图还可以了解到楼地面及顶棚的做法。

5）可以了解到室内外地面、各层楼面、各层窗台、门、窗顶及屋面各部位的标高以及外墙高度方向和细部详尽的尺寸。

6）了解立面装修的做法，索引号引出的做法、详图等。

5. 结构施工图识读

结构施工图是表示建筑物的各承重构件（如基础、承重墙、梁、板、柱等）的布置、形状、大小、材料做法、构造及其相互关系和结构形式的图纸。结构施工图是建筑施工的技术依据。

（1）结构施工图主要内容

1）结构设计说明

2）结构平面布置图

包括基础平面图、楼层结构平面布置图、屋顶结构平面布置图。

3）构件详图

包括基础详图、梁、板、柱结构详图、楼梯结构详图、屋架结构详图和其他结构详图等。

4）其他

文字说明、构件数量表和材料用量表。

（2）结构设计说明

结构设计说明一般是说明难以用图示表达的内容和宜用文字表达的内容，如施工注意事项等。一般包括：

1）对地基土质情况提出注意事项和有关要求，概述地基承载力、地下水位和持力层土质情况。

2）地基处理措施，并说明注意事项和质量要求。

3）钎探、验槽等事项的设计要求。

4）垫层、砌体、混凝土、钢筋等所有材料的质量要求。

5）防潮（防水）层的位置、做法，构造柱、圈梁的截面尺寸、材料、做法，混凝土保护层厚度等。

6）其他主要设计依据，如±0.000相对的绝对标高、地震设防裂度、预制构件统计表等。

（3）基础图的识读

基础图包括基础平面图和基础详图。它是相对标高±0.000以下的结构图。主要供放灰线、基槽（坑）挖土及基础施工时使用。

1）基础平面图的识读

基础平面图是假想在建筑物的底层室内地面下方用一个水平剖切面剖切，并移去上面部分后向下看切面下方各构件所得到的水平面。它只反映建筑物室内地面以下基础部分的平面布置。如图1-61所示。

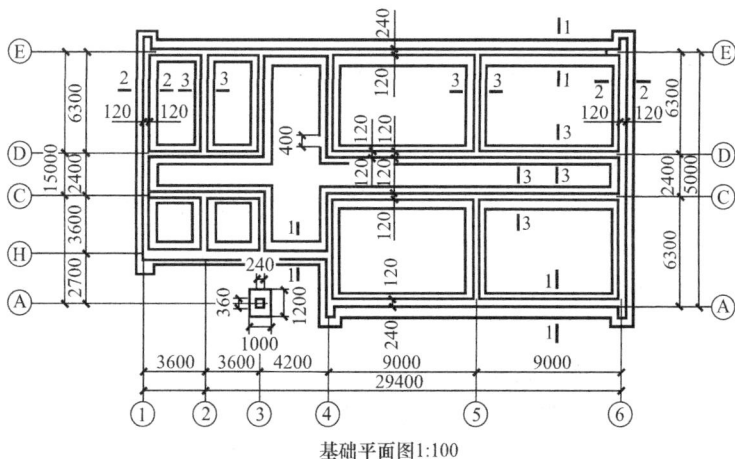

基础平面图1:100

图1-61 基础平面图示例

基础平面图主要表示以下内容：

① 基础平面布置。

② 定位轴线及其编号、轴线尺寸、基础轮廓线尺寸与轴线

的关系。

③ 剖切线位置及其编号。

④ 预留沟槽、孔洞位置及尺寸以及设备基础的位置及尺寸。

⑤ 施工说明。

在基础平面图中画出基础墙、基础底面轮廓线，基础的其他可见轮廓线一般省略不画，其细部形状用基础详图表达。

在基础平面图中，用中实线表示剖切的基础墙墙身，细实线表示基础底面轮廓线，粗虚线（单线）表示不可见的基础梁，粗实线表示可见的基础梁。

阅读基础平面图应注意了解以下内容：

① 定位轴线编号、尺寸，必须与建筑平面图完全一致。

② 注意基础形式，了解其轮廓线尺寸与轴线的关系。当为独立基础时，应注意基础和基础梁的编号。

③ 看清基础梁的位置、形状。

④ 通过剖切线的位置及编号，了解基础详图的种类及位置。掌握基础变化的连续性。

⑤ 了解预留沟槽、孔洞的位置及尺寸。有设备基础时，还应了解其位置、尺寸。

2）基础详图的识读

在基础的某一处竖向剖切基础所得到的剖面图称为基础详图，如图 1-62 所示。

基础详图基本内容包括基础的位置、剖面图轴线以及各部位详细尺寸，室内外标高及基础埋置深度，基础断面形状、材料、配筋、施工说明等。不同做法的基础都应画出详图。

先将基础详图的图名与基础平面图对照，确定其位置。断面图中一般标有材料图例，可了解基础使用的材料。了解基础墙厚、大放脚尺寸、基础底宽尺寸以及它们与轴线的相对位置关系。了解基础埋置深度。

阅读基础详图时应注意了解的基本内容：

1）轴线　表明基础各部分的相对位置，如基础、基础墙、

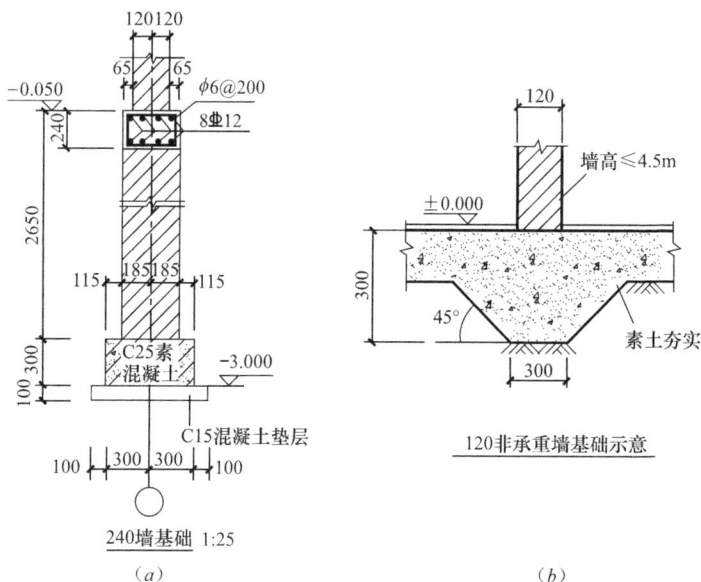

图 1-62 条形基础剖面图

基础圈梁与轴线的关系。

2）基础的断面尺寸、构造做法和所用的材料。

3）基底标高、垫层的做法、防潮层的位置及做法。

4）预留沟槽、孔洞的标高、断面尺寸及位置等。

5）基础配筋。

（4）楼层结构平面布置图及剖面图

楼层结构的类型很多，一般常见的分为预制楼层、现浇楼层以及现浇和预制各占一部分的楼层。

1）预制楼层结构平面布置图和剖面图

通常在安装预制梁、板等预制构件时使用。

预制楼层结构平面图主要表示楼层各种预制构件的名称、编号、相对位置、数量、定位尺寸及其与墙体的关系等。预制楼层的剖面图主要表示梁、板、墙、圈梁之间的搭接关系和构造处理。阅读时应与建筑平面图及墙身剖面图配合阅读。

2) 现浇楼层结构平面布置图及剖面图

阅读图样时同样应与相应的建筑平面图及墙身剖面图配合阅读。

现浇楼层结构平面布置图及剖面图，通常为现场支模板、浇筑混凝土、制作梁板等时使用。主要包括平面布置、剖面、钢筋表和文字说明。图上主要标注轴线编号、轴线尺寸、梁的布置和编号、板的厚度和标高，配筋情况以及梁、楼板、墙体之间关系等。

（5）构件及节点详图

构件详图，表明构件的详细构造做法。

节点详图，表明构件间连接处的详细构造和做法。

构、配件和节点详图可分为非标准的和标准的两类。按照统一标准的设计原则，通常将量大面广的构配件和节点设计成标准构、配件和节点，绘制成标准详图，便于批量生产，共同使用，这是标准的。非标准的一般根据每个工程的具体情况，单独进行设计、绘制成图。

结构详图一般包括梁、板、柱及基础结构详图；楼梯、电梯结构详图；屋架结构详图；其他详图，如支撑、预埋件、连接件等的详图。

（二）建筑力学基础知识

1. 力的基本概念

（1）力的定义

力的概念可以概括为：力是物体间相互的机械作用，这种作用会使物体的运动状态发生改变，或使物体发生变形。既然力是物体之间的相互作用，则力不能脱离物体而单独存在。

（2）力的三要素

力对物体的效应取决于三个要素：力的大小、方向、作用点。

在国际单位制中，力的单位是牛顿，用符号 N 表示。工程上以牛顿（N）或千牛顿（kN）为单位。

同时具有大小和方向的量称为矢量，所以力是矢量。矢量常用带有箭头的有向线段（矢线）表示。线段的长度按一定的比例代表力的大小，线段的方位和箭头的指向表示力的方向，有向线段的起点或终点表示力的作用点。通过力的作用点，沿力的方向所画直线，称为力的作用线。

（3）力的平衡

物体的平衡是指物体相对于地面保持静止或做匀速直线运动的状态。

1）二力平衡公理

物体受两个力的作用而处于平衡状态的条件是：这两个力的大小相等、方向相反、作用线相同（简称为等值、反向、共线），这就是力的平衡条件。

2）作用力和反作用力

两个物体之间相互作用的力，总是大小相等、方向相反、沿同一直线，并分别作用在两个物体上。如果将其中的一个力称为作用力，则另一个力就是它的反作用力。

（4）力的合成与分解

1）力的合成

当一个物体同时受到几个力的作用时，如果能够合成这样一个力，这个力所产生的效果与原来几个力共同作用的效果相同，则这个力叫做那几个力的合力。即作用于同一物体上的几个力的作用效果可以用一个力来代替，称为力的合力。这几个力又可称为是这个合力的分力。也就是说力可以进行等效代换。

2）力的分解

力的分解是将一个力分成几个力，而且这几个力所产生的效果同原来一个力产生的效果相同，则这几个力叫做原来那个力的分力。求力的分力叫做力的分解。

2. 建筑结构荷载

在建筑中，由若干构件（如柱、梁、板等）连接而构成的能承受荷载和其他间接作用（如温度变化、地基不均匀沉降等）的体系，叫做建筑结构（简称结构）。建筑结构在建筑中起骨架作用，是建筑的重要组成部分。结构的各组成部分（如梁、柱、屋架等）称为结构构件（简称构件）。

建筑结构在施工过程中和使用期间承受的各种作用有：施加在结构上的集中力或分布力（如人群、设备、构件自重等），是使其发生运动趋势的主动力，称为直接作用，也称荷载；引起结构外加变形或约束变形的原因（如地基变形、混凝土收缩、焊接变形、温度变化或地震等）称为间接作用。

我国现行国家标准《建筑结构荷载规范》GB 50009 中将结构荷载如下分类：

（1）按荷载随时间的变异性和出现的可能性，分为永久荷载、可变荷载和偶然荷载

1）永久荷载

在结构使用期间，其值不随时间变化，或其变化与平均值相比可以忽略不计，或其变化是单调的并能趋于限值的荷载。例如结构各部分构件的自重、土压力、预应力等均属永久荷载，也叫做恒荷载。恒荷载通常可经过计算或查表求出。

2）可变荷载

在结构使用期间，其值随时间变化，且其变化与平均值相比不可以忽略不计的荷载。例如家具等楼面活荷载、屋面活荷载和积灰荷载、吊车荷载、风荷载、雪荷载等均属可变荷载，也叫做活荷载。

3）偶然荷载

在结构使用期间不一定出现，一旦出现，其量值可能很大而持续时间很短的荷载。例如地震作用、爆炸力、撞击力等。

（2）按荷载作用的范围可分为集中荷载和分布荷载

当荷载的作用面积远远小于构件的尺寸时，可将荷载作用面积集中简化于一点，称为集中荷载。如吊车梁传给柱子的荷载。集中荷载的计量单位为 N 或 kN。

连续分部在一块面积上的荷载，称为分布荷载。包括分别作用在体积、面积和一定长度上的体荷载、面荷载和线荷载。重力属于体荷载，风、雪的压力等属于面荷载。分布荷载以 N/m^2、kN/m^2、N/m 或 kN/m（线荷载）为单位。

在实际工程中，并非所有的活荷载都同时作用在建筑物上，常常是其中几种活荷载随机组合与恒荷载的共同作用。如图 1-63 所示。

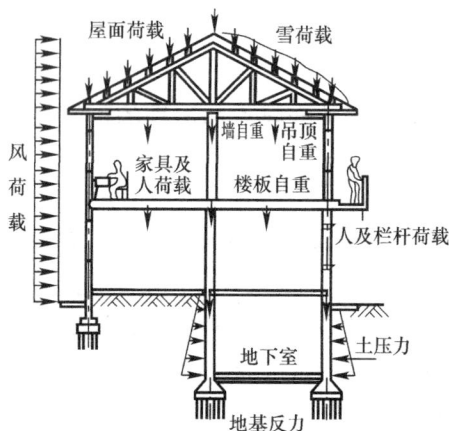

图 1-63　荷载示意

3. 物体受力分析

研究力学问题，首先需要分析物体受到哪些力的作用，其中哪些力是已知的，哪些力是未知的，这就是对物体进行受力分析。在工程实际中所遇到的几乎都是几个物体通过某种连接方式组成的机构或结构，以传递运动或承受荷载。这些机构或结构统称为物体系统。

对物体进行受力分析，包括两个步骤：

（1）将所要研究的物体从与他有联系的周围物体中单独分离出来，画出其受力简图，称作取研究对象或取分离体。

（2）在分离体图上画出周围物体对他的全部作用力，包括主动力和约束反力，称作画受力图（分离体图）。

下面举例说明物体受力分析的方法。

[**例 1-1**]　画出图 1-64 所示搁置在墙上的梁的受力分析图。

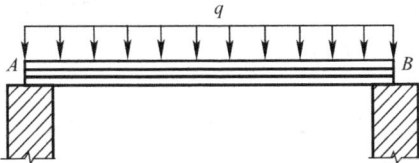

图 1-64　简支梁 AB

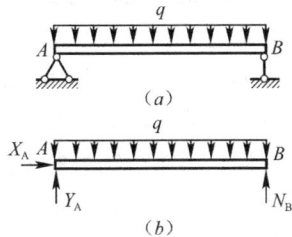

图 1-65　简支梁 AB 受力分析图

解：在实际工程结构中，要求梁在支承端处不得有竖向和水平方向的运动，但可在两端有微小的转动（由弯曲变形等原因引起）。为了反映上述墙对梁端部的约束性能，可按梁的一端为固定铰支座，另一端为可动铰支座来分析。简图如图 1-65（a）所示。在工程上称这种梁为简支梁。

（1）按题意取梁为研究对象，并将其单独画出。

（2）画出梁受到的主动力，自重（为均布荷载 q）。

（3）受到的约束反力，在 A 点为固定铰支座，其约束反力过铰中心点，但方向未定，通常用互相垂直的两个分力 X_A、Y_A 表示，假设指向见图 1-65（b）；在 B 点为可动铰支座，其约束反力 N_B 与支承面垂直，指向假设为向上。这些支座反力的指向与荷载有关。据此画出梁的受力图如图 1-65（b）所示。

通过以上分析，画受力图时应注意：

(1) 明确研究对象

首先必须明确要画哪一个物体的受力图，并把与它相联系的其他物体及约束全部去掉，单独画出要研究的对象。

(2) 不要漏画力

在研究对象上要画出它所受到的全部主动力和约束反力。所有的约束必须逐个用相应的反力来代替。重力是主动力之一，不要漏画。

(3) 不要多画力

在画某一物体的受力图时，不要把它作用在周围物体上的力也画进去。

如果取几个物体组成的系统为研究对象时，系统内任何相联系的物体之间的相互作用力不要画上。

(4) 不要画错力的方向

约束反力的方向必须严格按照约束的类型来画，不可单凭直观判定或者根据主动力的方向来简单推想。

在分析两物体之间的相互作用力时，要注意作用力与反作用力的关系，作用力的方向一经确定，反作用力的方向就必然与它相反。

4. 力与变形

(1) 强度、刚度和稳定性的基本概念

日常使用过程中的建筑物或构筑物都是处在稳定与平衡状态，凡是处在稳定与平衡状态的结构必须同时满足以下三个方面的要求：

1) 结构构件在荷载的作用下不会发生破坏，这就要求构件具有足够的强度。所谓强度就是结构或构件在外力作用下抵抗破坏的一种能力。破坏的形式有断裂、不可恢复的永久变形（塑性变形）等。

2) 结构构件在荷载作用下所产生的变形应在工程允许的范围以内，这就要求结构构件必须具有足够的刚度。所谓刚度是指结构或构件在外力作用下抵抗变形的能力。

例如钢筋混凝土楼板或梁在荷载作用下，下面的抹灰层开裂、脱落等现象出现时，表明临时梁的变形太大，即梁用以支撑荷载的强度够而刚度不够。如果梁的强度不够，就会发生断裂破坏，因此说结构构件的强度和刚度是相互联系又必不可少的要素。

3）结构构件在荷载的作用下，应能保持其原有形状下的平衡，即稳定的平衡，也就是结构构件必须具有足够的稳定性。所谓稳定性，是指结构或构件保持其原有平衡状态的能力。构件发生不能保持原有平衡状态的情况称为失稳。例如，房屋中承重的柱子如果过于细长，就可能由原来的直线形状变成弯曲形状，由柱子失稳而导致整个房屋的倒塌。

（2）杆件的变形

一个方向尺寸比其他两个方向尺寸大得多的构件称为杆件，简称杆。由于作用在杆件上的外力的形式不同，使杆件产生的变形也各不相同，但有以下四种基本变形形式。

1）（轴向）拉伸、压缩

直杆两端承受一对方向相反、作用线与杆轴线重合的拉力或压力时产生的变形，主要是长度的改变（伸长或缩短）（图1-66a），称为轴向拉伸或轴向压缩。

单位横截面上的内力叫做应力。垂直于横截面的应力称为正应力，正应力用字母 σ 表示。应力的单位是帕（Pa），即 N/mm²，$1MPa=10^6Pa$。

拉伸与压缩时横截面上的内力等于外力，应力（σ）在横截面内是均匀分布的。外力为 F 单位为 N，横截面积为 A，单位为 mm²，则

$$\sigma = \frac{F}{A} \tag{1-1}$$

2）剪切

杆件承受与杆轴线垂直、方向相反、互相平行的力的作用

时，构件的主要变形是在平行力之间产生的横截面沿外力作用方向发生错动（图 1-66b），称为剪切变形。剪切时截面内产生的应力与截面平行，称为剪应力，用字母 τ 表示。

挡土墙因受到土的侧压力作用，在其底部会产生一个水平的剪力，因此而产生的变形即为剪切。

3）弯曲

在杆件的轴向对称面内有横向力或力偶作用时，杆件的轴线由直线变为曲线（图 1-66c）时的变形为弯曲变形。弯曲是工程中常见的受力变形形式。如图 1-67 所示，在弯曲变形时，梁的下部伸长，受拉应力作用，上部缩短，受压应力作用。截面内无伸长缩短部位称为中性轴。在弯曲变形时截面内中性轴两侧产生符号相反的正应力，应力的大小与所在点到中性轴的距离成正比。在杆件的上下表面有最大正应力 σ_{max} 和最小正应力 σ_{min}。最大正应力的计算公式为：

$$\sigma_{max} = \frac{M}{W} \tag{1-2}$$

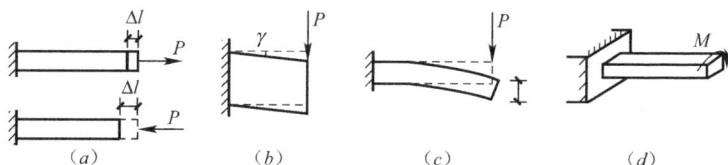

图 1-66　杆件变形的基本形式

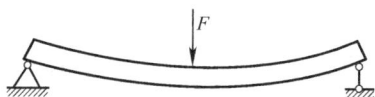

图 1-67　弯曲示意

4）扭转

在一对方向相反、位于垂直物件的两个平行平面内的外力偶作用下，构件的任意两截面将绕轴线发生相对转动（图 1-66d），而轴线仍维持直线，这种变形形式称为扭转。变形为扭转变形。

工程中最常见的扭转现象为雨篷梁，其两端伸入墙内被卡住，而雨篷部分受自重作用要向下倒，这样梁就受到扭转作用，如图 1-68 所示。雨篷梁扭转时，雨篷横截面绕轴线有相对转动。

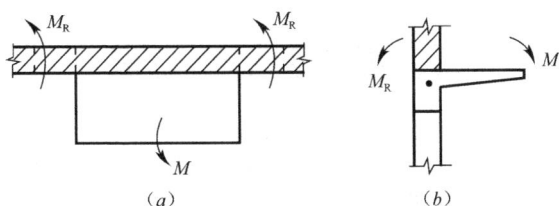

图 1-68　扭转
（*a*）平面；（*b*）侧剖面

(3) 压杆稳定

工程中把承受轴向压力的直杆称为压杆。有时杆件虽有足够的强度和刚度，但并不能保证杆件就是安全的。实践表明，细长的杆件在轴向压力作用下，杆内的应力并没有达到材料的容许应力时，就可能发生突然弯曲而破坏。

二、脚手架基础知识

脚手架又称架子，是建筑工程施工活动中工人进行施工操作，运送和堆放材料时必须使用的一种重要临时设施，是为保证高处作业安全、顺利进行施工而搭设的工作平台或作业通道。搭设脚手架的成品和材料称为"架设材料"或"架设工具"。

脚手架对建筑施工速度、工作效率、工程质量以及工人的人身安全有着直接的影响。如果脚手架搭设不及时，势必会拖延工程进度；脚手架搭设不符合施工需要，工人操作就不方便，质量得不到保证，工效就得不到提高；脚手架搭设不牢固、不稳定，就容易造成施工中的伤亡事故。因此对脚手架的选型、构造、搭设、质量等因素，决不能疏忽大意，草率处理。

（一）脚手架的作用及分类

1. 建筑脚手架的作用

脚手架是建筑施工中不可缺少的空中作业工具，无论结构施工还是室内外装修施工以及设备安装都需要根据操作要求搭设脚手架。

脚手架的主要作用如下：

（1）可以使施工作业人员在不同部位进行操作。

（2）能堆放及运输一定数量的建筑材料。

（3）保证施工作业人员在高空操作时的安全。

2. 建筑脚手架的分类

（1）按用途划分

1）操作脚手架：为施工操作提供高处作业条件的脚手架，

包括结构脚手架、装修脚手架。

2）防护用脚手架：只用作安全防护的脚手架，包括各种护栏架和棚架。

3）承重、支撑用脚手架：用于材料的运转、存放、支撑以及其他承载用途的脚手架，如上料平台、模板支撑架和安装支撑架等。

（2）按脚手架的支固方式划分

1）落地式脚手架：搭设（支座）在地面、楼面、屋面或其他平台结构之上的脚手架。

2）悬挑脚手架（简称"挑脚手架"）：采用悬挑方式支固的脚手架。

3）附墙悬挂脚手架（简称"挂脚手架"）：在上部或（和）中部挂设于墙体挑挂件上的定型脚手架。

4）悬吊脚手架（简称"吊脚手架"）：悬吊于悬挑梁或工程结构之下的脚手架。当采用篮式作业架时，称为"吊篮"。

5）附着升降脚手架（简称"爬架"）：附着于工程结构、依靠自身提升设备实现升降的悬空脚手架。

6）水平移动脚手架：带行走装置的脚手架（段）或操作平台架。

（3）按设置形式划分

1）单排脚手架：只有一排立杆的脚手架，其横向水平杆的另一端搁置在墙体结构上。

2）双排脚手架：具有两排立杆的脚手架。

3）多排脚手架：具有三排以上立杆的脚手架。

4）满堂脚手架：按施工作业范围满设的、两个方向各有三排以上立杆的脚手架。

5）满高脚手架：按墙体或施工作业最大高度，由地面起满高度设置的脚手架。

6）交圈（周边）脚手架：沿建筑物或作业范围周边设置并相互交圈连接的脚手架。

7）特形脚手架：具有特殊平面和空间造型的脚手架，如用于烟囱、水塔、冷却塔以及其他平面为圆形、环形、"外方内圆"形、多边形和上扩、上缩等特殊形式的建筑施工脚手架。

（4）按构架方式划分

1）杆件组合式脚手架：俗称"多立杆式脚手架"，简称"杆组式脚手架"。

2）框架组合式脚手架：简称"框组式脚手架"，即由简单的平面框架（如门架）与连接、撑拉杆件组合而成的脚手架，如门式钢管脚手架、梯式钢管脚手架等。

3）格构件组合式脚手架：即由桁架梁和格构柱组合而成的脚手架，如桥式脚手架。

4）台架：具有一定高度和操作平面的平台架，多为定型产品，其本身具有稳定的空间结构。可单独使用或立拼增高与水平连接扩大，并常带有移动装置。

（5）按脚手架平、立杆的连接方式分类

1）承插式脚手架：在平杆与立杆之间采用承插连接的脚手架。常见的承插连接方式有插片和楔槽、插片和碗扣、套管和插头以及 U 形托挂等。

2）扣件式脚手架：使用扣件箍紧连接的脚手架，即靠拧紧扣件螺栓所产生的摩擦力承担连接作用的脚手架。

（6）按脚手架封闭程度分类

1）开口形脚手架：沿建筑物周边没有交圈搭设的脚手架。

2）一字形脚手架：呈直线形搭设的脚手架。

3）封圈型脚手架：沿建筑物周边交圈搭设的脚手架。

此外，还按脚手架的材料划分为竹脚手架、木脚手架、钢管或金属脚手架；按搭设位置划分为外脚手架和里脚手架；按使用对象或场合划分为高层建筑脚手架、烟囱脚手架、水塔脚手架、水塔脚手架。还有定型与非定型、多功能与单功能之分。

3. 搭设建筑脚手架的基本要求

（1）满足施工的需要：脚手架要有足够的作业面（比如适

当的宽度、步架高度、离墙距离等），以保证施工人员操作、材料堆放和运输及安全围护的需要。

（2）构架稳定、承载可靠、使用安全：脚手架要有足够的强度、刚度和稳定性，施工期间在规定的允许荷载的作用下及气候条件影响下，应保证脚手架稳定不变形、不倾斜、不摇晃、不失稳，确保安全。

（3）尽量利用自备和可租赁到的脚手架材料解决，减少自制加工件。

（4）依工程结构情况解决脚手架设置中的穿墙、支撑和拉结要求。

（5）构造要简单，搭设、拆除和搬运要方便，使用要注意安全，并能满足多次周转使用。

（6）以合理的设计减少材料和人工的耗用，节省脚手架费用。

另外，脚手架严禁钢木、钢竹混搭，严禁不同受力性质的外架连接在一起。

（二）脚手架有关专业术语

（1）地基：脚手架下面支承建筑脚手架总荷载的那部分土层。

（2）底座：设于立杆底部的垫座。

（3）垫板：设于底座下的支承板。

（4）立杆：平行于建筑物并垂直地面的杆件，是承受自重和施工荷载的主要受力杆件。

（5）纵向水平杆（大横杆）：平行于建筑物，沿脚手架纵向（顺着墙面方向）连接各立柱的水平杆件，是承受并传递施工荷载给立杆的主要受力杆件。

（6）横向水平杆（小横杆）：垂直于建筑物，沿脚手架横向（垂直墙面方向）连接内、外排立杆的水平杆件，是承受并传递施工荷载给立杆的主要受力杆件。

（7）单排脚手架（单排架）：只有一排立杆和大横杆，小横杆的一端伸入墙体内，一端搁置在大横杆上的脚手架。

（8）双排脚手架（双排架）：由内外两排立杆和水平杆等构成的脚手架。

（9）敞开式脚手架：仅在设有作业层栏杆和挡脚板，无其他遮挡设施的脚手架。

（10）全封闭脚手架：脚手架外侧用立网、钢丝网等材料沿全长和全高进行封闭处理的脚手架。

（11）局部封闭脚手架：遮挡面积小于30％的脚手架。

（12）半封闭脚手架：遮挡面积占30％～70％的脚手架。

（13）封圈型脚手架：沿建筑周边交圈设置的脚手架。

（14）开口型脚手架：沿建筑周边非交圈设置的脚手架。

（15）一字形脚手架：只沿建筑物一侧布置呈直线形的脚手架。

（16）模板支架：用于支撑模板的采用脚手架材料搭设的架子。

（17）结构脚手架：用于砌筑和结构工程施工作业的脚手架。

（18）装修脚手架：用于装修工程施工作业的脚手架。

（19）脚手架高度：自立杆底座下皮至架顶栏杆上皮之间的垂直距离。

（20）脚手架长度：脚手架纵向两端立杆外皮间的水平距离。

（21）脚手架宽度：双排脚手架横向内、外两立杆外皮之间的水平距离。单排脚手架为外立杆外皮至墙面的距离。

（22）步距（步）：上下水平杆轴线间的距离。

（23）立杆横距（间距）：双排脚手架内外立杆之间的轴线距离。单排脚手架为外立杆轴线至墙面的距离。

（24）立杆纵距（跨）：脚手架纵向（铺脚手板方向）相邻立杆轴线间的距离。

（25）主节点：脚手架上立杆、大横杆、小横杆三杆紧靠的扣接点。

（26）作业层（操作层、施工层）：上人作业的脚手架铺板层。

（27）扫地杆：贴近地面设置，连接立杆根部的纵横向水平杆件。其作用是约束立杆下端部的移动。包括纵向扫地杆和横向扫地杆。

（28）连墙件：将脚手架架体与建筑主体结构连接，能够传递拉力和压力的构件，是承受风荷载并保持脚手架空间稳定的重要部件。

（29）刚性连墙件：采用钢管、扣件或预埋件组成的连墙件。

（30）柔性连墙件：采用钢筋（或铁丝）作拉筋构成的连墙件。

（31）剪刀撑：在脚手架竖向或水平向成对设置的交叉斜杆。其主要作用是增强脚手架整体刚度和平面稳定性，斜杆与地面夹角成 $45°\sim60°$。

（32）横向斜撑：与双排脚手架内外立杆或水平杆斜交，上下连续呈"之"字形布置的斜杆。可增强脚手架的稳定性和刚度。

（33）抛撑：与脚手架外侧面斜交的杆件。起支撑作用，防止脚手架向外倾覆。

（34）扣件：采用螺栓紧固的扣接连接件。包括直角扣件、旋转扣件和对接扣件。

（35）防滑扣件：根据抗滑要求增设的非连接用途扣件。

（36）脚手板：在脚手架或操作架上铺设的便于工人在其上方行走、转运材料和施工作业的支承板。

（37）护栏：作业层设置在外立杆的内侧，高度不低于1.2m的防护栏杆，通常设置2道。作用是防止人或物的闪出或坠落。

（38）挡脚板：作业层设置在外立杆的内侧，高度不低于180mm的长条板。

（39）高层建筑脚手架：高度在24m以上的脚手架。

（三）脚手架搭设的材料和常用工具

1. 架设材料

搭设脚手架的材料有钢管架料及其配件，竹木架料及绑扎绳料。

（1）钢管架料

1）钢管

钢管采用直缝电焊钢管或低压流体输送用焊接钢管，外径为 48.3mm，壁厚为 3.6mm。

用于立杆、大横杆和各支撑杆（斜撑、剪刀撑、抛撑等）的钢管最大长度不得超过 6.5m，一般为 4～6.5m，小横杆所用钢管的最大长度不得超过 2.2m，一般为 1.8～2.2m。每根钢管的重量应控制在 25.8kg 之内。钢管两端面应平整，严禁打孔、开口。

通常对新购进的钢管先进行除锈，钢管内壁刷涂两道防锈漆，外壁刷涂防锈漆一道、面漆两道。对旧钢管的锈蚀检查应每年一次。检查时，在锈蚀严重的钢管中抽取 3 根，在每根钢管的锈蚀严重部位横向截断取样检查。经检验符合要求的钢管，应进行除锈，并刷涂防锈漆和面漆。

2）扣件

目前，我国钢管脚手架中的扣件有可锻铸铁扣件与钢板压制扣件两种。前者质量可靠，应优先采用。采用其他材料制作的扣件，应经试验证明其质量符合该标准的规定后方可使用。扣件螺栓采用 Q235A 级钢制作。

扣件基本上有三种形式，如图 2-1 所示。

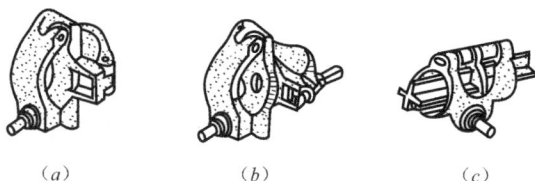

图 2-1　扣件实物图

（a）直角扣件；（b）旋转扣件；（c）对接扣件

① 直角扣件（十字扣件）：用于连接两根垂直相交的杆件，如立杆与大横杆、大横杆与小横杆的连接。靠扣件和钢管之间

的摩擦力传递施工荷载。

② 旋转扣件（回转扣件）：用于连接两根平行或任意角度相交的钢管的扣件。如斜撑和剪刀撑与立柱、大横杆和小横杆之间的连接。

③ 对接扣件（一字扣件）：钢管对接接长用的扣件，如立杆、大横杆的接长。

脚手架采用的扣件，在螺栓拧紧扭力矩达 65N·m 时，不得发生破坏。

对新采购的扣件应进行检验。若不符合要求，应抽样送专业单位进行鉴定。

旧扣件在使用前应进行质量检查，并进行防锈处理。有裂缝、变形的严禁使用，出现滑丝的螺栓必须更换。新旧扣件均应进行防锈处理。

3）底座

扣件式钢管脚手架的底座有可锻铸铁制成的定型底座和套管、钢板焊接底座两种，可根据具体情况选用。几何尺寸如图 2-2 所示。

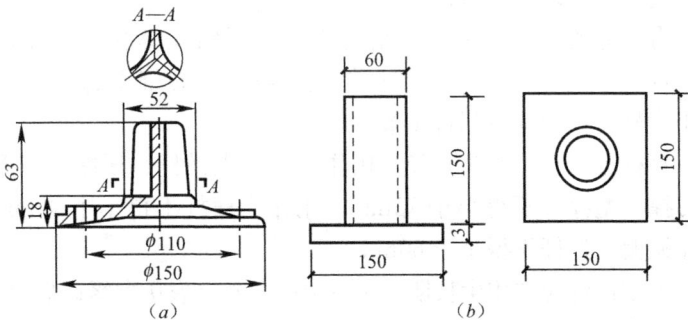

图 2-2　底座

（a）铸铁底座；（b）焊接底座

可锻铸铁制造的标准底座，其材质和加工质量要求同可锻铸铁扣件相同。

焊接底座采用 Q235A 钢，焊条应采用 E43 型。

（2）竹木架料

1）木材

木材可用作脚手架的立杆、大小横杆、剪刀撑和脚手板。

常用木材为剥皮杉或其他坚韧质轻的圆木，不得使用柳木、杨木、桦木、锻木、油松等木材，也不得使用易腐朽易折裂的其他木材。

用作立杆时，木料小头有效直径不小于 70mm，大头直径不大于 180mm，长度不小于 6m；用作大横杆时，小头有效直径不小于 80mm，长度不小于 6m；用作大横杆时，竖杆小头直径不小于 90mm，硬木（柞木、水曲柳等）小头直径不小于 70mm，长度 2.1～2.2m。用作斜撑、剪刀撑和抛撑时，小头直径不小于 70mm，长度不小于 6m。用作脚手板时，厚度不小于 50mm。

搭设脚手架的木材材质应为二等或二等以上。

2）竹材

竹杆应选用生长期 3 年以上的毛竹或楠竹。要求竹杆挺直、质地坚韧。不得使用弯曲不直、青嫩、枯脆、腐朽、虫蛀以及裂缝连通两节以上的竹杆。

有裂缝的竹材，在下列情况下，可用铅丝绑扎加固使用：作立杆时，裂缝不超过 3 节；作大横杆时，裂缝不超过 2 节；作小横杆时，裂缝不超过 1 节。

竹杆有效部分小头直径，用作立杆、大横杆、顶撑、斜撑、剪刀撑、抛撑等不得小于 75mm；用作小横杆不得小于 90mm；用作搁栅、栏杆不得小于 60mm。

承重杆件应选用生长期 3 年以上的冬竹（农历白露以后至次年谷雨前采伐的竹材）。这种竹材质地坚硬，不易虫蛀、腐朽。

（3）绑扎材料

竹木脚手架的各种杆件一般使用绑扎材料加以连接，木脚手架常用的绑扎材料有镀锌钢丝和钢丝两种。竹脚手架可以采用竹篾、镀锌钢丝、塑料篾等。竹脚手架中所有的绑扎材料均不得重复使用。

1）镀锌钢丝：又称铁丝。抗拉强度高、不易锈蚀，是最常用的绑扎材料，常用 8 号和 10 号镀锌钢丝。8 号镀锌钢丝直径 4mm；抗拉强度为 900N/mm²；10 号镀锌钢丝直径为 3.5mm，抗拉强度为 1000N/mm²。镀锌钢丝使用时不准用火烧，次品和腐蚀严重的产品不得使用。

2）钢丝：常采用 8 号回火冷拔钢丝，使用前要经过退火处理（又称火烧丝）。腐蚀严重、表面有裂纹的钢丝不得使用。

3）竹篾是由毛竹、水竹或慈竹破成。要求篾料质地新鲜、韧性强、抗拉强度高；不得使用发霉、虫蛀、断腰、大节疤等竹篾。竹篾使用前应置于清水中浸泡 12h 以上，使其柔软、不易折断。竹篾的规格见表 2-1。

竹篾规格 表 2-1

名称	长度（m）	宽度（m）	厚度（m）
毛竹篾	3.5～4.0	20	0.8～1.0
水竹、慈竹篾	>2.5	5～45	0.6～0.8

4）塑料篾又称纤维编织带。必须采用有生产厂家合格证书和力学性能试验合格数据的产品。

（4）脚手板

脚手板铺设在小横杆上，形成工作平台，以便施工人员工作和临时堆放零星施工材料。它必须满足强度和刚度的要求，保护施工人员的安全，并将施工荷载传递给纵、横水平杆。

常用的脚手板有：冲压钢板脚手板、木脚手板、钢木混合脚手板和竹串片、竹笆板等，施工时可根据各地区的材源就地取材选用。每块脚手板的重量不宜大于 30kg。

1）冲压钢板脚手板

冲压钢板脚手板用厚 1.5～2.0mm 钢板冷加工而成，其形式、构造和外形尺寸如图 2-3 所示，板面上冲有梅花形翻边防滑圆孔。钢材应符合现行国家标准《优质碳素结构钢》GB/T 699 中 Q235A 级钢的规定。

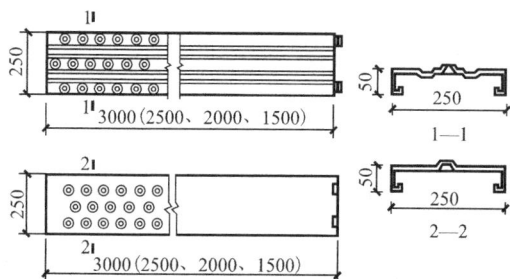

图 2-3 冲压钢板脚手板形式与构造

钢脚手板的连接方式有挂钩式、插孔式和 U 形卡式。如图 2-4所示。

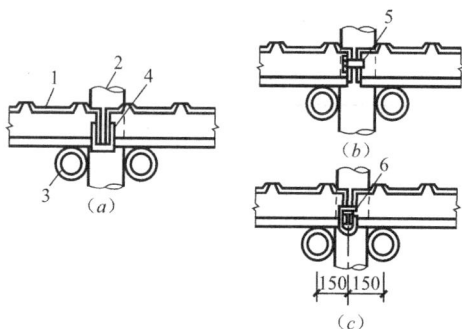

图 2-4 冲压钢板脚手板的连接方式

(*a*) 挂钩式；(*b*) 插孔式；(*c*) U 形卡式

1—钢脚手板；2—立杆；3—小横杆；4—挂钩；5—插销；6—U 形卡

2）木脚手板

木脚手板应采用杉木或落叶松制作，其材质应符合现行国家标准《木结构设计规范》GB 50005 中 Ⅱa 级材质的规定。脚手板厚度不应小于 50mm，板宽为 200～250mm，板长 3～6m。在板两端往内 80mm 处，用不小于 4mm 的镀锌钢丝箍两道，防止板端劈裂。

3）竹串片脚手板

采用螺栓穿过并列的竹片拧紧而成。螺栓直径 8～10mm，间距 500～600mm；竹片宽 50mm；竹串片脚手板长 2～3m，宽 0.25～0.3m。如图 2-5 所示。

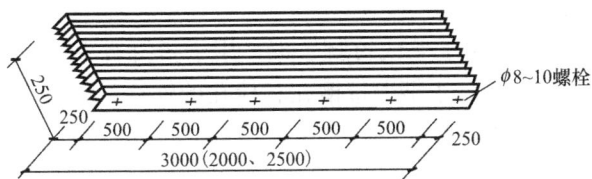

图 2-5　竹串片脚手板

4）竹笆板

这种脚手板用竹筋作横挡，穿编竹片，竹片与竹筋相交处用铁丝扎牢。竹笆板长 1.5～2.5m，宽 0.8～1.2m。如图 2-6 所示。

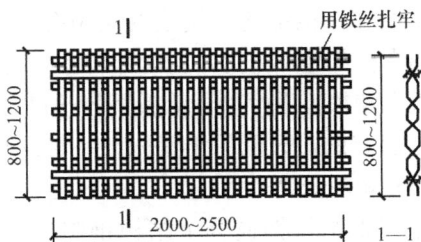

图 2-6　竹笆板

5）钢竹脚手板

这种脚手板用钢管作直挡，钢筋作横挡，焊成爬梯式，在横挡间穿编竹片。如图 2-7 所示。

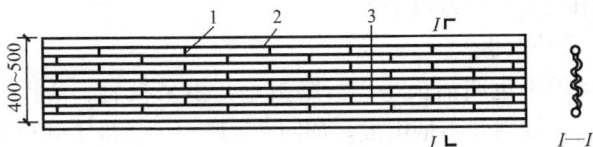

图 2-7　钢竹脚手板
1—钢筋；2—钢管；3—竹片

2. 搭设工具

（1）铁钎

主要用于木脚手架或竹脚手架，用于搭拆脚手架时拧紧铁丝。一般长 30cm。手柄上带槽孔和栓孔的铁钎，还可以用来拔钉子及螺栓，如图 2-8 所示。

图 2-8　手柄上带有槽孔和栓孔的钎子

（2）扳手

扳手是一种常用的安装与拆卸的手工工具，利用杠杆原理拧转螺栓、螺钉、螺母和其他螺纹，紧持螺栓或螺母的开口或套孔固件。扳手通常在柄部的一端或两端制有夹柄部，使用时沿螺纹旋转方向在柄部施加外力，就能拧转螺栓或螺母。

扳手有活扳手和呆扳手两种，活扳手的开口可以调节大小，呆扳手的开口是固定的，只能用于紧固某一种螺母。呆扳手有开口式、套筒式和棘轮套筒式等。

扳手通常用碳素结构钢或合金结构钢制造，表面经镀铬、电泳、磷化等处理而呈亮或亚光，黑色。扳口应对称，激光刻字要清楚，扳手的硬度应达到规定的标准，卡位要准确。不得有生锈、毛刺、裂纹和斑点等缺陷。

扳手在架子工作业中主要用于搭设扣件式钢管脚手架时旋紧螺栓。常用的扳手类型主要有活动扳手、固定扳手、梅花扳手、两用扳手、扭力扳手等。

1）活动扳手

活动扳手也叫活扳手、活络扳手，由呆扳唇、活扳唇、扳口、蜗轮、轴销和手柄组成，如图 2-9 所示。活扳手开口宽度可在一定尺寸范围内进行调节，能拧转不同规格的螺栓或螺母。蜗轮运作要灵活，轴销不能松动。

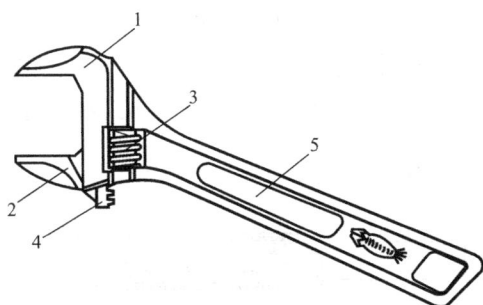

图 2-9　活动扳手

1—呆扳唇；2—活扳唇；3—蜗轮；4—轴销；5—手柄

2）固定扳手

固定扳手也叫死扳手、开口扳手或呆扳手。一端或两端制有固定尺寸的开口，用以拧转一定尺寸的螺母或螺栓。其开口尺寸与螺钉头、螺母的尺寸相适应，并根据标准尺寸制成一套。主要分为双头和单头两种。如图 2-10 所示。

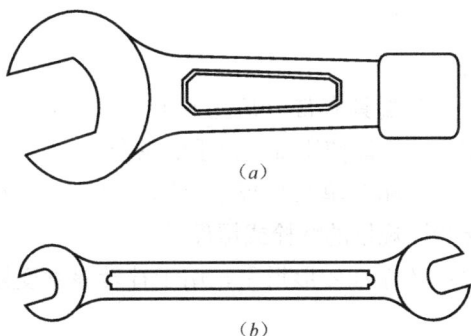

（a）

（b）

图 2-10　呆扳手

（a）单头呆扳手；（b）双头呆扳手

3）扭力扳手

扭力扳手又叫力矩扳手、扭矩扳手、扭矩可调扳手等。扭力扳手可分为定值式和预置式两种。定值式扭力扳手在拧转螺栓或螺母时，能显示出所施加的扭矩；预置式扭力扳手当施加的扭矩到达规定值后，会发出光或声响信号，如图 2-11 所示。扭力扳手适用于对扭矩大小有明确地规定的装配工作。

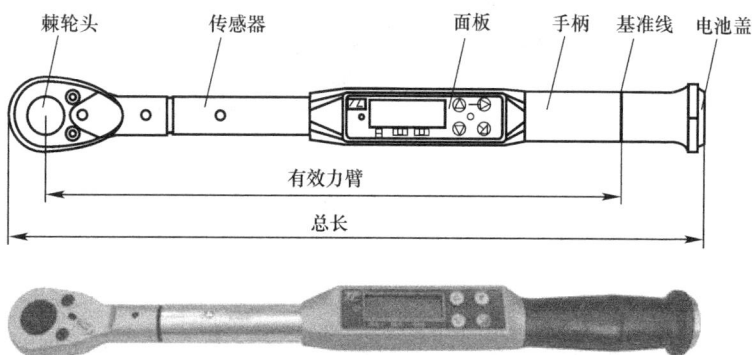

棘轮头　　传感器　　　　　　面板　　手柄　基准线　电池盖

有效力臂

总长

图 2-11　预置式扭力扳手

扭力扳手分为手动和电动两大类。手动扭力扳手分为机械音响报警式，数显式，打滑式（自滑转式）和指针式（表盘式）。

4）其他常用扳手

梅花扳手：两端具有带六角孔或十二角孔的工作端，适用于工作空间狭小，不能使用普通扳手的场合。

两用扳手：一端与单头呆扳手相同，另一端与梅花扳手相同，两端拧转相同规格的螺栓或螺母。

钩形扳手：又称月牙形扳手，用于拧转厚度受限制的扁螺母等。

套筒扳手：它是由多个带六角孔或十二角孔的套筒并配有手柄、接杆等多种附件组成，特别适用于拧转空间十分狭小或凹陷很深处的螺栓或螺母。

内六角扳手：成 L 形的六角棒状扳手，专用于拧转内六角螺钉。

各类扳手如图 2-12 所示。

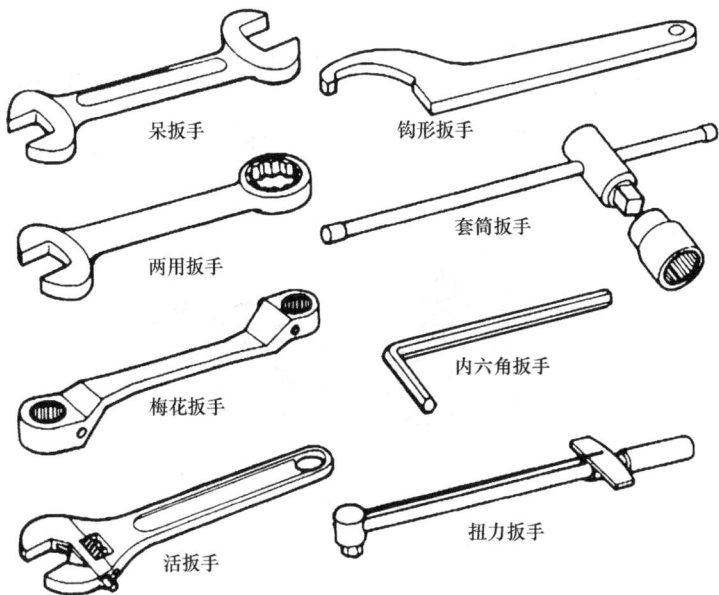

图 2-12　各类扳手

呆扳手　　钩形扳手
两用扳手　　套筒扳手
梅花扳手　　内六角扳手
活扳手　　扭力扳手

(3) 其他工具

1) 钢丝钳、钢丝剪、斩斧：用于拧紧、剪断铁丝和钢丝。

钢丝钳又叫花腮钳、克丝钳，是一种夹钳和剪切工具，用于夹持或弯折金属薄板、圆柱形金属零件以及切断金属丝，其旁刃口也可用于切断细金属丝。由钳头和钳柄组成，钳头包括钳口、齿口、刀口和铡口。铁柄钳适用于一般环境，绝缘柄适用于有电环境。

钢丝钳各部位的作用是：齿口可用来紧固或拧松螺母；刀口可用来剖切软电线的橡皮或塑料绝缘层，也可用来剪切电线、铁丝；铡口可以用来切断电线、钢丝等较硬的金属线；钳子的绝缘塑料管耐压 500V 以上，有了它可以带电剪切电线。其构造及应用如图 2-13 所示。

2) 榔头：用于搭设碗扣式钢管脚手架时敲拆碗扣。

3) 篾刀：用于搭设竹木脚手架时劈竹破篾。

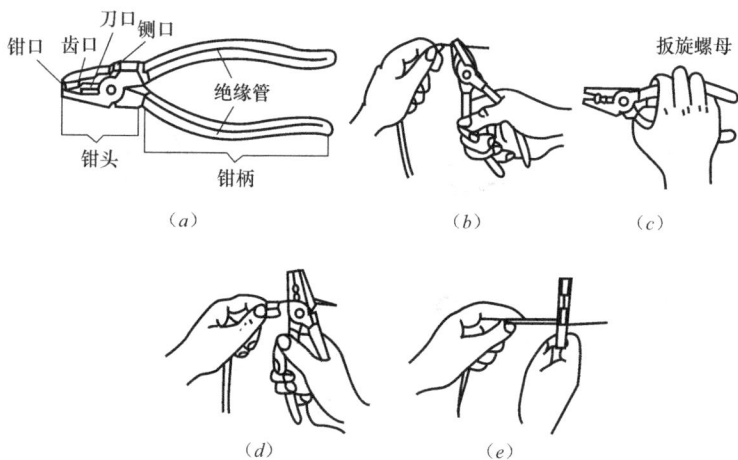

图 2-13　钢丝钳的构造及应用

(a) 构造；(b) 弯绞导线；(c) 紧固螺母；(d) 剪切导线；(e) 铡切钢丝

4) 撬杠：用于搭设竹木脚手架时拔、撬竹木杆，移动物体和矫正构件，用圆钢或六角钢锻制而成，一头做成尖锥形，另一头做成鸭嘴形或虎牙形，并弯折成 40°～50°，如图 2-14 所示。

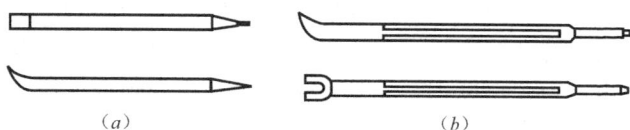

图 2-14　撬杠

(a) 鸭嘴形撬杠；(b) 虎牙形撬杠

5) 洛阳铲：用于木脚手架挖立杆坑。

(四) 架子工的安全防护

国家为了保护劳动者在劳动生产过程中的安全、健康，在改善劳动条件、消除事故隐患、预防事故和职业危害、实现劳逸结合和女职工保护等方面，在法律、组织、制度、技术、设备、教育上采取了一系列综合措施，即劳动保护。使用个人防护用品是所采取的重要措施之一。

劳动防护用品又称个人防护用品、劳动保护用品，是指由生产经营单位为从业人员配备的，使其在生产过程中免遭或者减轻事故伤害和职业危害的个人防护装备。国际上称为 PPE（Personal Protective Equipment），即个人防护器具。

劳动防护用品分为一般劳动防护用品和特种劳动防护用品。特种劳动防护用品必须取得特种劳动防护用品安全标志。

建筑施工企业劳动防护用品的配备、使用与管理基本要求如下：

（1）劳动防护用品的配备，应该按照"谁用工、谁负责"的原则，由使用劳动防护用品的单位（以下简称"使用单位"）按照《个体防护装备选用规范》GB/T 11651 和《建筑施工作业劳动防护用品配备及使用标准》JGJ 184 以及有关规定，为作业人员按作业工种免费配备劳动防护用品。使用单位应当安排用于配备劳动防护用品的专项经费。

使用单位不得以货币或其他物品替代应当按规定配备的劳动防护用品。

（2）使用单位应建立健全劳动防护用品的购买、验收、保管、发放、使用、更换、报废等管理制度，并应按照劳动防护用品的使用要求，在使用前对其防护功能进行必要的检查。

（3）使用单位应选定劳动防护用品的合格供货方，为作业人员配备的劳动防护用品必须符合国家标准或者行业标准，应具备生产许可证、产品合格证等相关资料。经本单位安全生产管理部门审查合格后方可使用。

国家对特种劳动防护用品实施安全生产许可证制度。使用单位采购、配备和使用的特种劳动防护用品必须具有安全生产许可证、产品合格证和安全鉴定证。

使用单位不得采购和使用无厂家名称、无产品合格证、无安全标志的劳动防护用品。

（4）劳动防护用品的使用年限应按《个体防护装备选用规范》GB/T 11651 执行。劳动防护用品达到使用年限或报废标准的应由企业统一回收报废。劳动防护用品有定期检测要求的应按照其产品的检测周期进行检测。

（5）使用单位应督促、教育本单位劳动者按照安全生产规章制度和劳动防护用品使用规则及防护要求，正确佩戴和使用劳动防护用品。未按规定佩戴和使用劳动防护用品的，不得上岗作业。

（6）建筑施工企业应对危险性较大的施工作业场所及具有尘毒危害的作业环境设置安全警示标识及安全防护用品标识牌。

（7）使用单位没有按国家规定为劳动者提供必要的劳动防护用品的，按有关规定处罚；构成犯罪的，由司法部门依法追究有关人员的刑事责任。

劳动防护用品除个人随身穿用的防护性用品外，还有少数公用性的防护性用品，如安全网、护罩、警告信号等防护用具。

个人随身穿用的劳动防护用品是指安全帽、安全带以及安全（绝缘）鞋、防护眼镜、防护手套、防尘（毒）口罩等。

施工安全防护用品（具）是指安全网、钢丝绳、工具式防护栏、灭火器材、临时供电配电箱、空气断路器、隔离开关、交流接触器、漏电保护器、标准电缆及其他劳动保护用品。

这里仅对架子工常用的安全防护用品（具）加以介绍。

1. 安全帽

对人体头部受坠落物及其他特定因素引起的伤害起防护作用的帽子称为安全帽。安全帽是建筑施工人员的重要防护用具，凡进入施工现场的人员必须佩戴安全帽。

（1）防护原理

安全帽由帽壳、帽衬、下颌带和附件组成，如图 2-15 所示。

帽壳呈半球形，坚固、光滑并有一定弹性，打击物的冲击和穿刺动能主要由帽壳承受。帽壳和帽衬之间留有一定空间，可缓冲、分散瞬时冲击力，从而避免或减轻对头部的直接伤害。

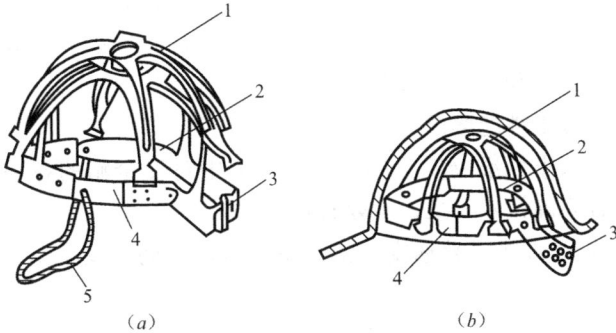

图 2-15　安全帽构造

(a) 双层顶带式；(b) 单层顶带式

1—顶带；2—帽箍；3—后枕箍带；4—吸汗带；5—下颌带

当作业人员头部受到坠落物的冲击时，利用安全帽帽壳、帽衬在瞬间先将冲击力分解到头盖骨的整个面积上，然后利用安全帽帽壳、帽衬的结构材料和所设置的缓冲结构（插口、拴绳、缝线、缓冲垫等）的弹性变形、塑性变形和允许的结构破坏将大部分冲击力吸收，使最后作用到人员头部的冲击力降低到 4900N 以下，从而起到保护作业人员的头部不受到伤害或降低伤害的作用。

安全帽的帽壳材料对安全帽整体抗击性能起重要的作用。应根据不同结构形式的帽壳选择合适的材料。我国安全帽按材质可分为：塑料安全帽、合成树脂（如玻璃钢）安全帽、胶质安全帽、竹编安全帽、铝合金安全帽等。

(2) 作用

1) 是工人重要的个人安全防护用品。在现场作业中，安全帽可以承受和分散落物的冲击力，并保护或减轻由于高处坠落或头部先着地的撞击伤害，关键时刻可以挽救人的生命。

2) 是直接区分工作人员性质的一种标志。在现场可以看到不同颜色的安全帽，通常，生产工人戴黄色安全帽，技术工人、特种作业人员戴蓝色安全帽，安全员戴红色安全帽，管理人员戴白色安全帽。

3）醒目作用。在阴天或雨天、雾天工作时，能够让人注意到你，以避免发生安全事故。安全帽的醒目程度以黄色和白色最醒目，黑色和深蓝色最差。

（3）技术性能要求

现行国家标准《安全帽》GB 2811 中对安全帽的各项性能指标均有明确技术要求。主要有：

1）质量要求：普通安全帽不超过 430g，防寒安全帽不超过 600g。

2）尺寸要求：帽壳内部尺寸、帽舌、帽檐、垂直间距、水平间距、佩戴高度、突出物和透气孔。

其中垂直间距和佩戴高度是安全帽的两个重要尺寸要求。

垂直间距是指安全帽在佩戴时，头顶最高点与帽壳内表面之间的轴向距离（不包括顶筋的空间）。规范要求是小于或等于50mm。佩戴高度是指安全帽在佩戴时，帽箍底部至头顶最高点的轴向距离。规范要求是80～90mm。垂直间距太小，直接影响安全帽的冲击吸收性能；佩戴高度太小，直接影响安全帽佩戴的稳定性。这两项要求任何一项不合格都会直接影响到安全帽的整体安全性。

3）安全性能要求：安全性能指的是安全帽防护性能，是判定安全帽产品合格与否的重要指标，包括基本技术性能要求（冲击吸收性能、耐穿刺性能和下颌带强度）和特殊技术性能要求（抗静电性能、电绝缘性能、侧向刚性、阻燃性能和耐低温性能）。《安全帽》GB 2811 中明确规定了安全帽产品应达到的要求。

4）合格标志：国家对安全帽实行了生产许可证管理和安全标识管理。每顶安全帽的标识由永久标识和产品说明组成。永久标识应采用刻印、缝制、铆固标牌、模压或注塑在帽壳上。

永久性标识包括：现行安全帽标准编号、制造厂名、生产日期（年、月）、产品名称、产品特殊技术性能（如果有）。产品说明包括必要的几条说明，适用和不适用场所，适用头围的大小，安全帽的报废判别条件和保持期限等共 12 项，选购时，应注意检查。目前，产品说明以耐磨不干胶的形式贴在安全帽内壁的居多，便于检查和使用。

（4）选择

使用者在选择安全帽时，应注意选择符合国家相关管理规定、标志齐全、经检验合格的安全帽，并应检查其近期检验报告。并且要根据不同的防护目的选择不同的品种，如：带电作业场所的使用人员，应选择具有电绝缘性能并检查合格的安全帽。具体应注意以下几点：

1）检查"三证"，即生产许可证，产品合格证，安全鉴定证。凡是在我国国内生产销售的 PPE，按规定应具备以上证书。

2）检查标识。检查永久性标识和产品说明是否齐全、准确以及"安全防护"的盾牌标识。

3）检查产品做工。合格的产品做工较细，不会有毛边，质地均匀。

4）目测佩戴高度、垂直距离、水平距离等指标，用手感觉一下重量。

（5）正确佩戴方法

1）按自己头围调整安全帽后箍调整带，使内衬圆周大小调节到对头部稍有约束感，将帽内弹性带系牢。用双手试着左右转动头盔，调整至基本不能转动，但不难受的程度，以不系下颌带低头时安全帽不会脱落为宜。

2）帽衬必须与帽壳连接良好，但不能紧贴，应有一定间隙，该间隙视材质情况一般为 2～4cm。缓冲衬垫的松紧由带子调节，垂直间距一般在 25～50mm 之间，至少不要小于 32mm 为宜。这样才能保证当遭受到冲击时，帽体有足够的空间可供缓冲，不使颈椎受到伤害，平时也有利于头和帽间的通风。

3）佩戴安全帽必须系好下颌带。下颌带必须紧贴下颌，松紧要适度，以下颌有约束感，但不难受为宜。

4）佩戴时一定要将安全帽戴正、戴牢，不能晃动。

5）女生佩戴安全帽应将头发放进帽衬。

6）冬季佩戴安全帽，应将安全帽戴于大衣棉帽内，且必须将帽带系在颌下并系紧。

（6）使用与保管注意事项

安全帽的佩戴要符合标准，使用要符合规定。如果佩戴和使用不正确，就起不到充分的防护作用。一般应注意下列事项：

1）凡进入施工现场的所有人员，都必须正确佩戴安全帽。作业中不得将安全帽脱下；在施工现场或其他任何地点，不得将安全帽作为坐垫使用。

2）佩戴安全帽前，应检查安全帽各配件有无损坏，装配是否牢固，外观是否完好，帽衬调节部分是否卡紧，绳带是否系紧等，确保各部件齐全完好后方可使用。

3）使用者不能随意调节帽衬的尺寸，不能随意在安全帽上拆卸或添加附件，不能私自在安全帽上打孔，不要随意碰撞安全帽，不要将安全帽当板凳坐，以免影响其原有的防护性能。

4）经受过一次冲击或做过试验的安全帽应作废，不能再次使用。

5）安全帽不能在有酸、碱或化学试剂污染的环境中存放，不能放置在高温、日晒或潮湿的场所中，以免其老化变质。

6）要定期检查安全帽，检查有没有龟裂、下凹、裂痕和磨损等情况，如存在影响其性能的明显缺陷应及时报废。

7）严格执行有关安全帽使用期限的规定，不得使用报废的安全帽。植物枝条编织的安全帽有效期为 2 年，塑料安全帽的有效期限为 2 年半，玻璃钢（包括维纶钢）和胶质安全帽的有效期限为 3 年半。超过有效期的安全帽应报废。

2. 安全带

安全带是防止高处作业人员发生坠落或发生坠落后将作业人员安全悬挂的个体防护装备，由带子、绳子和各种零部件组成。

安全带和绳必须用锦纶、维纶、蚕丝料制作，金属配件用普通碳素钢或铝合金钢制作，包裹绳子的套用皮革、轻革、维纶或橡胶制造。

（1）分类与标记

安全带按作业类别分为围杆作业安全带、区域限制安全带和坠落悬挂安全带三类。

安全带的标记由作业类别、产品性能两部分组成。

作业类别：以字母 W 代表围杆作业安全带、以字母 Q 代表区域限制安全带、以字母 Z 代表坠落悬挂安全带。

产品性能：以字母 Y 代表一般性能、以字母 J 代表抗静电性能、以字母 R 代表抗阻燃性能、以字母 F 代表抗腐蚀性能、以字母 T 代表适合特殊环境（各性能可组合）。

示例：围杆作业、一般安全带表示为"W-Y"；区域限制、抗静电、抗腐蚀安全带表示为"Q-JF"。

（2）一般技术要求

安全带不应使用回料或再生料，使用皮革不应有接缝。安全带与身体接触的一面不应有突出物，结构应平滑。腋下、大腿内侧不应有绳、带以外的物品，不应有任何部件压迫喉部。坠落悬挂安全带的安全绳同主带的连接点应固定于佩戴者的后背、后腰或胸前，不应位于腋下、腰侧或腹部，并应带有一个足以装下连接器及安全绳的口袋。

主带应是整根，不能有接头。宽度不应小于 40mm。辅带宽度不应小于 20mm。主带扎紧扣应可靠，不能意外开启。

腰带应和护腰带同时使用。护腰带整体硬挺度不应小于腰带的硬挺度，宽度不应小于 80mm，长度不应小于 600mm，接触腰的一面应有柔软、吸汗、透气的材料。

安全绳（包括未展开的缓冲器）有效长度不应大于 2m，有两根安全绳（包括未展开的缓冲器）的安全带，其单根有效长度不应大于 1.2m。禁止将安全绳用作悬吊绳。悬吊绳与安全绳禁止共用连接器。

用于焊接、炉前、高粉尘浓度、强烈摩擦、割伤危害、静电危害、化学品伤害等场所的安全绳应加相应护套。使用的材料不应同绳的材料产生化学反应，应尽可能透明。

织带折头连接应使用线缝，不应使用铆钉、胶粘、热合等工艺。缝纫线应采用与织带无化学反应的材料，颜色与织带应有区别。织带折头缝纫前及绳头编花前应经燎烫处理，不应留有散丝。

绳、织带和钢丝绳形成的环眼内应有塑料或金属支架。钢丝绳的端头在形成环眼前应使用铜焊或加金属帽（套）将散头收拢。

所有绳在构造上和使用过程中不应打结。每个可拍（飘）动的带头应有相应的带箍。

所有零部件应顺滑，无材料或制造缺陷，无尖角或锋利边缘。8 字环、品字环不应有尖角、倒角，几何面之间应采用 R4 以上圆角过渡。调节扣不应划伤带子，可以使用滚花的零部件。

金属零件应浸塑或电镀以防锈蚀。金属环类零件不应使用焊接件，不应留有开口。在爆炸危险场所使用的安全带，应对其金属件进行防爆处理。

连接器的活门应有保险功能，应在两个明确的动作下才能打开。

（3）标识

安全带的标识由永久标识和产品说明组成。永久性标志应缝制在主带上，内容包括：产品名称、执行标准号、产品类别、制造厂名、生产日期（年、月）、伸展长度、产品的特殊技术性能（如果有）、可更换的零部件标识应符合相应标准的规定。

可以更换的系带应有下列永久标记：产品名称及型号、相应标准号、产品类别、制造厂名、生产日期（年、月）。

每条安全带应配有一份产品说明书，随安全带到达佩戴者手中。内容包括：安全带的适用和不适用对象，整体报废或更换零部件的条件或要求，清洁、维护、贮存的方法，穿戴方法，日常检查的方法和部位，首次破坏负荷测试时间及以后的检查频次、安全带同挂点装置的连接方法等共13项。

(4) 选择

选购安全带时，应注意选择符合国家相关管理规定、标志齐全、经检验合格的产品。

1）根据使用场所条件确定型号。

2）检查"三证"，即生产许可证，产品合格证，安全鉴定证。凡是在我国国内生产销售的 PPE，按规定应具备以上证书。

3）检查特种劳动防护用品标志标识，检查安全标志证书和安全标志标识。

4）检查产品的外观、做工，合格的产品做工较细，带子和绳子不应留有散丝。

5）细节检查，检查金属配件上是否有制造厂的代号，安全带的带体上是否有永久性标识，合格证和检验证明，产品说明是否齐全、准确。合格证是否注明产品名称、生产年月、拉力试验、冲击试验、制造厂名、检验员姓名等情况。

(5) 使用和维护

安全带的使用和维护有以下几点要求：

1）为了防止作业者在某个高度和位置上可能出现的坠落，作业者在登高和高处作业时，必须按规定要求佩戴安全带。

2）在使用安全带前，应检查安全带的部件是否完整，有无损伤，绳带有无变质，卡环是否有裂纹，卡簧弹跳性是否良好。

金属配件的各种环不得是焊接件，边缘光滑，产品上应有"安鉴证"。

3）使用时要高挂低用。要拴挂在牢固的构件或物体上，防止摆动或碰撞，绳子不能打结，不准将钩子直接挂在安全绳上使用，应挂在连接环上。当发现有异常时要立即更换，换新绳时要加绳套。

4）高处作业如安全带无固定挂处，应采用适当强度的钢丝绳或采取其他方法。禁止把安全带挂在移动或带尖锐棱角或不牢固的物件上。

5）安全带、绳保护套要保持完好，不允许在地面上随意拖着绳走，以免损伤绳套，影响主绳。若发现保护套损坏或脱落，必须加上新套后再使用。

6）安全带严禁擅自接长使用。使用 3m 及以上的长绳必须要加缓冲器，各部件不得任意拆除。

7）安全带在使用后，要注意维护和保管。要经常检查安全带缝制部分和挂钩部分，必须详细检查捻线是否发生裂断和残损等。

8）安全带不使用时要妥善保管，不可接触高温、明火、强酸、强碱或尖锐物体。不要存放在潮湿的仓库中保管。

9）安全带在使用两年后应抽验一次，使用频繁的绳要经常进行外观检查，发现异常必须立即更换。定期或抽样试验用过的安全带，不准再继续使用。

3. 安全网

用来防止人、物坠落，或用来避免、减轻坠落及物击伤害的网具，称为安全网。

（1）构造

安全网是由网体、边绳、系绳和筋绳构成。网体是由网绳编结成菱形或方形网目，如图 2-16 所示。

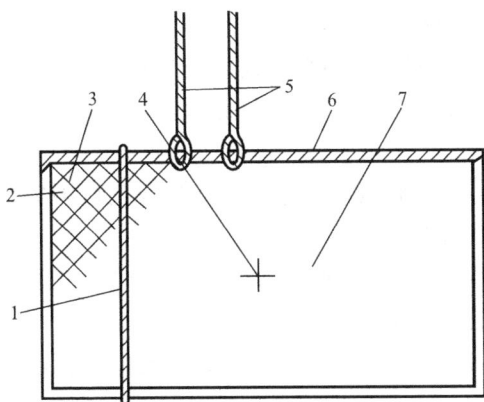

图 2-16　安全网

1—筋绳；2—网目；3—网绳；4—中心点；5—系绳；6—边绳；7—网体

（2）分类

安全网按功能分为安全平网、安全立网及密目式安全立网。平网为平面安装的网，用于挡住坠落的人和物；立网为垂直安装的网，用于防止人和物的闪出坠落。由于它们的受力情况不同，因此在规格尺寸和强度方面的要求也有所不同。

（3）技术要求

1）平网宽度不应小于 3m，立网宽（高）度不应小于 1.2m。平（立）网的规格尺寸与其标称规格尺寸的允许偏差为 ±4%。平（立）网的网目形状应为菱形或方形，边长不应大于 8cm。

2）单张平（立）网质量不宜超过 15kg。

3）平（立）网可采用锦纶、维纶、涤纶或其他材料制成，所有节点应固定。其物理性能、耐候性应符合现行国家标准《安全网》GB 5725 的相关规定。

4）平（立）网上所用的网绳、边绳、系绳、筋绳均应由不小于 3 股单绳制成。绳头部分应经过编花、燎烫等处理，不应散开。

5）平（立）网的系绳与网体应牢固连接，各系绳沿网边均匀分布，相邻两根系绳间距不应大于 75cm，系绳长度不小于 80cm。平（立）网如有筋绳，则筋绳分布应合理，两根相邻筋绳的距离不应小于 30cm。当筋绳、系绳合一使用时，系绳部分必须加长，且与边绳系紧后，再折回边绳系紧，至少形成双根。

6）平（立）网的绳断裂强力应符合现行国家标准《安全网》GB 5725 的规定。

7）密目网的宽度应介于 1.2~2m。长度由合同双方协议条款指定，但最低不应小于 2m。网眼孔径不应大于 12mm。网目、网宽度的允许偏差为 ±5%。相邻两根系绳间距不得大于 0.45m。

8）密目网各边缘部位的开眼环扣应牢固可靠。开眼环扣孔径不应小于 8mm。

9）网体上不应有断纱、破洞、变形及有碍使用的编织缺陷。缝线不应有跳针、漏缝、缝边应均匀。

10）每张密目网允许有一个接缝，接缝部位应端正牢固。

(4) 标识

安全网的标识由永久标识和产品说明书组成。

1）安全网的永久标识包括：执行标准号、产品合格证、产品名称及分类标记、制造商名称、地址、生产日期、其他国家有关法律法规所规定必须具备的标记或标志。

2）制造商应在产品的最小包装内提供产品说明书，应包括但不限于以下内容。

平（立）网的产品说明：平（立）网安装、使用及拆除的注意事项、储存、维护及检查，使用期限，在何种情况下应停止使用。

密目网的产品说明：密目网的适用和不适用场所，使用期限，整体报废条件或要求，清洁、维护、储存的方法，拴挂方法，日常检查的方法和部位，使用注意事项，警示"不得作为平网使用"，警示"B 级产品必须配合立网或护栏使用才能起到坠落防护作用"以及本品为合格品的声明。

（5）使用和维护

安全网的使用和维护有以下几点要求：

1）新网必须有产品检验合格证；旧网应在外观检查合格的情况下，进行抽样检验，符合要求时方准使用。立网不能代替平网使用。

2）施工过程中，对安全网及支撑系统，应定期进行检查、整理、维修（每周至少一次）。检查支撑系统杆件、间距、结点以及封挂安全网用的钢丝绳的松紧度，检查安全网片之间的连接、网内杂物、网绳磨损以及电焊作业等损伤情况。

支撑架不得出现严重变形和磨损。其连接部位不得有松脱现象。网与网之间及网与支撑架之间的连接点亦不允许出现松脱。所有绑拉的绳都不能使其受严重的磨损或有变形。

3）安全网的检查内容包括：网内不得存留建筑垃圾，网下不能堆积物品，网身不能出现严重变形和磨损以及是否会受化学品与酸、碱烟雾的污染及电焊火花的烧灼等。若有破损、老化应及时更换。

4）网内的坠落物要经常清理，保持网体洁净。还要避免大量焊接或其他火星落入网内，并避免高温或蒸汽环境。当网体受到化学品的污染或网绳嵌入粗砂粒或其他可能引起磨损的异物时，应须进行清洗，洗后使其自然干燥。

5）对施工期较长的工程，安全网应每隔 3 个月按批号对其试验绳进行强力试验一次；每年抽样安全网，做一次冲击试验。

6）拆除安全网时，必须待所防护区域内无坠落可能的作业时，方可进行。拆除安全网应自上而下依次进行。拆除过程中要由专人监护。作业人员系好安全带，同时应注意网内杂物的清理。

7）拆除下来的安全网，由专人作全面检查，确认合格的产品，签发合格使用证书方准入库。

8）安全网在搬运中不可使用铁钩或带尖刺的工具，以防损伤网绳。

9）安全网应由专人保管发放。如暂不使用，应存放在干燥通风、避光、隔热、防潮、无化学品污染的仓库或专用场所，并将其分类、分批编号存放在架子上，不允许随意乱堆。在存放过程中，亦要求对网体作定期检验，发现问题，立即处理，以确保安全。

10）如安全网的贮存期超过两年，应按 0.2% 抽样，不足 1000 张时抽样 2 张进行耐冲击性能测试，测试合格后方可使用。

（五）脚手架的安全管理

1. 脚手架施工安全基本要求

脚手架搭设和使用，必须严格执行有关的安全技术规范。

（1）有关脚手架施工的安全管理规定

1）脚手架搭设或拆除人员必须由符合安监总局《特种作业人员安全技术培训考核管理规定》，经培训考核合格，取得《特种作业人员操作证》的专业架子工担任。上岗人员应定期进行体检，凡患有高血压、心脏病、贫血病、癫痫病及不适合高处作业者不得上脚手架操作。饮酒后禁止作业。

2）架子工作业要正确使用个人劳动防护用品。搭拆脚手架时，操作人员必须戴安全帽、系安全带、穿软底防滑鞋，作业衣着要灵便。

3）不论搭设哪一种类型的脚手架，所用材料和加工质量必须符合规定要求，严禁使用不合格材料搭设脚手架，以防发生意外事故。

4）脚手架和模板支撑架的搭拆必须制定施工方案和安全技术措施，对操作人员进行安全技术交底。属于危险性较大的分部分项工程范围的脚手架，必须编制安全专项施工方案，报上级审批，经施工单位技术负责人签字，报监理单位由项目总监理工程师审核签字后才能严格按专项方案搭设。

5）脚手架搭设安装前应由施工负责人及技术、安全等有关人员先对基础等架体承重部位共同进行验收；搭设安装后应进行分段验收，合格后方可使用。特殊脚手架须由企业技术部门会同安全、施工管理部门验收合格后方可使用。验收要定量与定性相结合，验收合格后应在脚手架上悬挂合格牌，且在脚手架上明示使用单位、监护管理单位和责任人。施工阶段转换时，对脚手架重新实施验收手续。

未搭设完的脚手架，非架子工一律不准上架。

6）必须按脚手架安全技术操作规程搭设。

7）搭拆脚手架时，地面应设围栏和警戒标志，排除作业障碍，并派专人指挥、看守，严禁非操作人员入内。

8）严禁任意在脚手架基础及其邻近处进行挖掘作业，否则应采取安全措施，报主管部门批准。

（2）脚手架搭设作业的一般安全技术要求

1）脚手架搭设前应清除障碍物、平整场地、夯实基土、做好排水，以保证地基具有足够的承载能力，避免脚手架整体或局部沉降失稳。

2）脚手架基础必须按专项施工方案和安全技术措施交底的要求进行施工，按基础承载力要求进行验收。合格后，应按专项方案的设计进行放线定位。

3）垫板宜采用长度不少于 2 跨、厚度不小于 50mm、宽度不小于 200mm 的木垫板。底座、垫板均应准确地放置在定位线上。底座的轴心线应与地面垂直。

4）脚手架搭设作业时，应按形成基本构架单元的要求逐排、逐跨和逐步地进行搭设。矩形周边脚手架宜从其中的一个角部开始向两个方向延伸搭设，确保已搭部分稳定。

5）架上作业人员应佩戴工具袋，工具用后装于袋中，不要放在架子上，以免掉落伤人。应做好分工和配合，不要用力过猛，以免引起人身或杆件失衡。

6）架设材料要随上随用，以免放置不当时掉落，可能发生伤人事故。

7）在搭设作业进行中，地面上的配合人员应避开可能落物的区域。

8）脚手架必须配合施工进度搭设，一次搭设高度不应超过相邻连墙件以上两步。每搭完一步脚手架后，应按规定校正步距、纵距、横距及立杆的垂直度。

9）搭设时，必须按规定搭设剪刀撑和支撑。

10）连墙件必须随架子搭设及时在规定位置处设置，严禁滞后设置或搭设完毕后补做并严禁任意拆除。

11）搭设时，脚手架必须有供作业人员上下的斜道或阶梯，严禁攀爬脚手架。

12）脚手板铺设于架子的作业层上。必须满铺、铺严、铺稳，不得有探头板和飞跳板。

13）脚手架操作层外侧周边应设置 180mm 高挡脚板和两道护身栏杆，上道栏杆高度应为 1.2m，下道栏杆应居中设置。挡脚板应与立杆固定，并有一定的机械强度。挡脚板和栏杆均应设置在立杆的内侧。架体外围应用密目式安全网全封闭。密目式安全网宜设置在脚手架外立杆的内侧，并与架体绑扎牢固。

14）临街搭设的脚手架外侧应有防护措施，以防坠物伤人。

15）在脚手架上进行电、气焊作业时，应有防火措施和专人看守。

16）工地临时用电线路架设及脚手架的接地、避雷措施，脚手架与架空输电线路的水平与垂直安全距离等应按现行行业标准《施工现场临时用电安全技术规范》JGJ 46—2005 的有关规定执行。钢管脚手架上安装照明灯时，电线不得接触脚手架，并要做绝缘处理。

17）当有六级及六级以上强风、浓雾、雨或雪天气时应停止脚手架搭设与拆除作业。雨、雪后上架作业应有防滑措施，并应扫除积雪。

18）脚手架搭设完毕或分段搭设完毕必须进行验收检查，

合格签字后，交付使用。

(3) 脚手架拆除作业的一般安全技术要求

脚手架拆除作业的安全防护要求与搭设作业时的安全防护要求相同。

1) 脚手架拆除作业的危险性大于搭设作业，应按专项方案施工。在进行拆除工作之前，必须做好准备工作：

① 当工程施工完成后，必须经单位工程负责人检查验证，确认脚手架不再需要后，方可拆除。脚手架拆除必须由施工现场技术负责人下达正式通知。

② 全面检查脚手架架体是否安全。即扣件连接、连墙件、支撑体系等是否符合构造要求。

③ 应根据检查结果补充完善脚手架专项方案中的拆除顺序和措施，经审批后方可实施。

④ 拆除前应向操作人员进行安全技术交底。

⑤ 拆除前应清除脚手架上的材料、工具和杂物，清理地面障碍物。

2) 拆除脚手架现场应设置安全警戒区域和警告牌，并由专职人员负责监护，严禁非施工作业人员进入拆除作业区内。拆除大片架子应加临时围栏。作业区内电线及其他设备有妨碍时，应事先与有关部门联系拆除、转移或加防护。

3) 脚手架拆除程序，应由上而下逐层的按步拆除。拆除顺序与搭设顺序相反，后搭的先拆，先搭的后拆，严禁上下同时进行拆除作业。同一层内的杆配件和加固杆件必须按先上后下、先外后内的顺序进行拆除。先拆护身栏、脚手板和横向水平杆，再依次拆剪刀撑的上部扣件和接杆，最后是纵向水平杆和立杆。拆除全部剪刀撑以前，必须搭设临时加固斜支撑，预防架子倾倒。连墙杆应随拆除进度逐层拆除，严禁先将连墙杆整层或数层拆除后再拆脚手架。分段拆除高差大于两步时，应增设连墙件加固。

4) 拆除时应设专人指挥，分工明确、统一行动、上下呼应、动作协调。当解开与另一人有关的结扣时，应先通知对方，以防坠落。

5）拆卸下来的钢管、门架与各构配件应防止碰撞，严禁抛掷至地面。可采用起重设备吊运或人工传送至地面。

6）大片架子拆除后所预留的斜道、上料平台、通道等，应在大片架子拆除前先进行加固，以便拆除后确保其完整、安全和稳定。

7）拆除时严禁撞碰附近电源线，以防事故发生。不能撞碰门窗、玻璃、水落管、房檐瓦片、地下明沟等。

8）在拆架过程中，不能中途换人，如必须换人时，应将拆除情况交代清楚后方可离开。

9）拆除门架的顺序，应从一端向另一端，自上而下逐层地进行。同一层的构配件和加固杆件必须按照先上后下、先外后内的顺序进行拆除，最后拆除连墙件。拆除的工人必须站在临时设置的脚手板上进行拆卸作业。拆除连接部件时，应先将止退装置旋转至开启位置，然后拆除，不得硬拉，严禁敲击。严禁使用手锤等硬物击打、撬别。连墙件、通长水平杆和剪刀撑等必须在脚手架拆除到相关门架时，方可拆除。

10）运至地面的钢管、门架与各构配件应按规定及时检查、整修与保养，按品种、规格分类存放，以便于运输、维护和保管。

2. 脚手架搭设的施工准备

（1）编制施工方案并进行安全技术交底

在架子搭设前要由技术部门根据施工要求和现场情况以及建筑物的结构特点等诸多因素编制方案，方案内容包括架子构造、负荷计算、安全要求等，方案要经审批后方能生效。

工程的施工负责人应按工程的施工组织设计和脚手架施工方案的有关要求，向施工人员和使用人员进行技术交底。通过技术交底，应了解以下主要内容：

1）工程概况，待建工程的面积、层数、建筑物总高度、建筑结构类型等。

2）选用的脚手架类型、形式，脚手架的搭设高度、宽度、步距、跨距及连墙杆的布置等。

3）施工现场的地基处理情况。

4）根据工程综合进度计划，了解脚手架施工的方法和安排、工序的搭接、工种的配合等情况。

5）明确脚手架的质量标准、要求及安全技术措施。

（2）脚手架的地基处理

落地脚手架须有稳定的基础支承，以免发生过量沉降，特别是不均匀的沉降，引起脚手架倒塌。对脚手架的地基要求：

1）脚手架地基应平整夯实。

2）脚手架的立杆不能直接立于土地面上，应加设底座和垫板。底座或垫板应准确地放在定位线上，垫板宜采用长度不少于二跨，厚度不小于50mm的木垫板，也可采用槽钢。

3）遇有坑槽时，立杆应下到槽底或在槽上加设底梁（一般可用枕木或型钢梁，并经强度计算）。

4）地基应有可靠的排水措施，防止积水浸泡地基。

5）脚手架旁有开挖的沟槽时，应控制外立杆距沟槽边的距离：当架高在30m以内时，应不小于1.5m；架高为30～50m时，不小于2.0m；架高在50m以上时，不小于2.5m。当不能满足上述距离时，应核算土坡承受脚手架的能力，不足时可加设挡土墙或其他可靠支护，避免槽壁坍塌危及脚手架安全。

6）位于通道处的脚手架底部垫木（板）应低于其两侧地面，并在其上加设盖板，避免扰动。

（3）脚手架的放线定位、垫块的放置

根据脚手架立柱的位置，进行放线。脚手架的立柱不能直接立在地面上，立柱下应加设底座或垫块，具体做法如图2-17和图2-18所示：

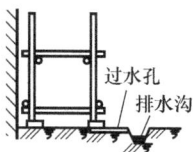

图 2-17　普通脚手架基底　　　图 2-18　高层脚手架基底

1）普通脚手架：垫块宜采用长 2.0～2.5m，宽不小于 200mm，厚 50～60mm 的木板，垂直或平行于墙横放置，在外侧挖一浅排水沟。

2）高层建筑脚手架：在夯实的地基上加铺混凝土层，其上沿纵向铺放槽钢，将脚手架立杆底座置于槽钢上。

（4）材料准备

1）按脚手架专项施工方案的要求和相应规范的规定对脚手架的杆（构）配件等进行检查验收，不合格产品不得使用。

2）经检（复）验合格的杆（构）配件应按品种、规格分类，堆放整齐、平稳，堆放场地不得有积水。

3. 检查与验收

（1）脚手架的杆配件必须进行检验，合格后方准使用。进入现场的各构配件应具备以下证明资料：

1）主要构配件应有产品标识、产品质量合格证及质量检验报告。

2）碗扣构配件供应商应配套提供管材、零件、铸件、冲压件等材质、产品性能检验报告。

3）扣件还应有生产许可证、法定检测单位的测试报告。

（2）构配件进场质量检查的重点

1）各构配件按照相关规定进行外观质量检查。

2）钢管等杆件的壁厚、外径、断面，焊接质量。

3）碗扣脚手架可调底座和可调托撑丝杆直径、与螺母配合间隙及材质。

4）门架与配件应涂防锈漆或镀锌。钢管应涂防锈漆。

5）扣件在使用前应逐个挑选，有裂缝、变形、螺栓出现滑丝的严禁使用。

6）可调托撑支托板厚不应小于5mm，变形不应大于1mm。

（3）在脚手架、满堂脚手架和模板支撑架使用过程中，应定期对脚手架及其地基基础进行检查和维护。特别是下列情况，必须进行检查：

1）基础完工后及脚手架搭设前。

2）作业层上施加荷载前。

3）遇大雨、大雪和六级及以上大风后再次施工前。

4）寒冷地区解冻后。

5）停用时间超过一个月恢复使用前。

6）发现倾斜、下沉、松扣、崩扣等现象。

7）达到设计高度后。

（4）脚手架搭设质量应按阶段进行检查与验收，检验合格后方可继续搭设。

1）扣件式脚手架每搭设6～8m高度后。

2）碗扣式脚手架首段高度达到6m时，应进行检查与验收；架体随施工进度升高按结构层进行检查；架体高度大于24m时，在24m处或设计高度1/2处及达到设计高度后，进行全面检查与验收。

3）门式脚手架每搭设2个楼层高度；满堂脚手架、模板支架每搭设4步高度。

（5）碗扣式双排脚手架应重点检查以下内容：

1）保证架体几何不变性的斜杆、连墙件等设置情况。

2）基础的沉降，立杆底座与基础面的接触情况。

3）上碗扣锁紧情况。

4）立杆连接销的安装、斜杆扣接点、扣件拧紧程度。

（6）脚手架使用过程中，应定期检查下列内容：

1）杆件的设置和连接，连墙件、支撑、门洞桁架等的构造应符合规范和专项施工方案的要求。

2）地基应无积水，底座应无松动，立杆应无悬空。

3）锁臂、挂扣件、扣件螺栓应无松动。

4）高度在 24m 以上的扣件式双排、满堂脚手架，高度在 20m 以上的扣件式满堂支撑架，其立杆的沉降与垂直度偏差应符合规范规定。

5）安全防护措施应符合规范要求。

6）应无超载使用。

（7）脚手架、满堂脚手架和模板支撑架验收时，应具备下列技术文件：

1）脚手架专项施工方案及变更文件。

2）安全技术交底文件。

3）构配件出厂合格证、质量检验记录。

4）周转使用的脚手架构配件使用前的复验合格记录。

5）脚手架搭设的施工记录和阶段质量安全检查记录。

6）脚手架搭设过程中出现的重要问题及处理记录。

7）脚手架工程的施工验收报告。

（8）脚手架搭设的技术要求、允许偏差与检验方法应符合各自脚手架的规定。

（9）满堂脚手架和模板支撑架在施加荷载或浇筑混凝土时，应设专人全过程监督。发现异常情况应及时处理。

4. 脚手架工程应形成的安全管理内业资料

（1）已审批的施工组织设计或专项施工方案、方案变更记录。

（2）在用脚手架材料、构配件质量的有效证明资料及验收记录。

（3）安全施工技术交底记录。

（4）上岗作业人员（架子工）的有效上岗证件。

（5）脚手架的安全检查与维护记录。

（6）脚手架合格验收记录。

（7）脚手架的拆除记录。

（六）安全棚和安全网的搭设

1. 安全棚结构及搭设要求

在建筑施工区域内操作人员进行操作时，易受到高空坠落的物料和人员的冲击。因此在施工区域内应搭设加工棚、设备棚、人员进出通道等安全棚，减轻物料及人员高空坠落时对人员的伤害。

（1）结构

安全棚也称防护棚，有隔离和防护作用。隔离作用是指用棚来分割施工现场的内部和外部，或隔离现场内不同作业区域之间的相互影响；防护作用主要是用棚来防护由施工造成的各种有害影响。施工现场对施工人员人身安全的不利影响有以下几方面：物料坠落、灰尘弥漫、污水流淌、泄漏电弧和火花等，其中物料坠落的危害最大，这也是安全棚的防护重点。

分隔棚可用棚布、竹笆等柔性材料（防电弧、火花的防护棚应采用阻燃材料）搭设，防护棚则应采用有抗冲击能力的板材搭设，如脚手板、木板、混凝土板、钢板。为了增强防护棚的综合防护能力，也有用两种以上的材料搭设防护棚的，如木板加安全网、竹笆加混凝土板、钢丝（筋）网加竹胶板等。

结构施工自二层起，凡人员进出建筑物的通道口（包括施工升降机、物料提升机的进出通道口）和在施工场地内的地面操作处，均应搭设安全防护棚。图 2-19 所示为通道安全防护棚的结构示意图。

防护棚的长度应满足坠落半径的要求，防护棚内净高度不小于 2.5m。宽度满足每侧伸出通道边不小于 1m。其中，可能坠落半径 R 与可能坠落高度 H 的关系是：H 为 2～15m 时，R 为 3m；H 为 15～30m 时，R 为 4m；H 大于等于 30m 时，R 为 5m。

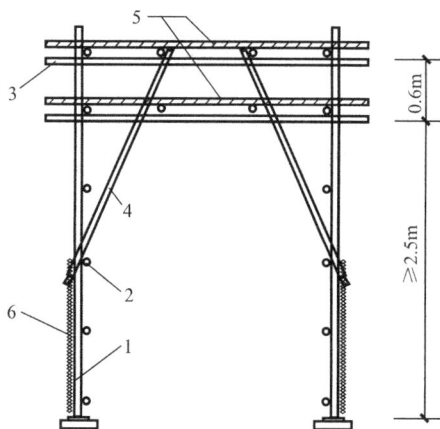

图 2-19 通道安全防护棚的结构

1—立杆；2—横杆；3—纵向水平杆；4—斜拉杆；5—木板；6—安全网

（2）搭拆要求

1）搭设前要对作业人员进行安全技术交底，行人、车辆通行频繁的地段宜在夜间施工。

2）人行道安全防护棚搭设的高度：上横杆离人行通道地面垂直距离为 3m，上横杆与下横杆的间距为 400～500mm，立杆与立杆、纵向水平杆之间的间距为 1.8～2m。

3）人行道外侧靠路沿至施工现场临时围墙的间距一般为 2～3m。

4）跨越公路安全防护棚搭设高度：从公路路面至安全防护棚上横杆的垂直高度为 5m，路面距安全防护棚下横杆 4.5m，搭设跨度为 6～6.5m（公路宽度）。立杆与立杆、纵向水平杆之间的间距为 1.5～1.8m。

5）安全防护棚靠外侧设置向外倾斜 75°、高 1.2～1.5m 的防护围挡。

6）为增强抗冲击能力，安全防护棚应采用双层顶盖，上下两层顶盖间距 600mm；上下两层顶盖都要满铺抗冲击板材，一般为 50mm 厚脚手板。

7）为增强安全防护棚的稳定性，在纵横方向都要设置剪刀撑和扫地杆。

8）跨越公路的水平杆中间不允许有接头。若跨度较大，应采用型钢桁架结构作为支撑架。

9）多层建筑防护棚长度不小于 4m，高层建筑防护棚长度不小于 6m。

2. 安全网的架设与拆除

（1）架设

1）选网。架设前需根据使用条件选择合适的安全网，立网不能代替平网使用。根据负载高度选择平网的架设宽度。新网必须有产品检验合格证；旧网应在外观检查合格的情况下，进行抽样检验，符合要求时方准使用。

2）支撑物。支撑物应有足够的强度和刚度，间距不得大于 4m，系网处无尖锐边缘，可采用钢管、木杆等强度可靠的杆件和钢丝绳。钢管直径 48.3mm，壁厚 3.6mm，圆木梢径不小于 70mm，边绳钢丝绳直径不小于 9.5mm。

3）平网架设。架设平网应外高里低，与水平面成 15°角，网片不要绷紧（便于能量吸收），网片之间应将系绳连接牢固不留空隙。《建筑施工安全检查标准》JGJ 59—2011 规定，取消了平网在落地式脚手架外围的使用，改为立网全封闭。立网应该使用密目式安全网。

① 首层网。距地面第一道网称为首层网。当砌墙高度达 3.2m 时应架首层网。首层网架设的宽度视建筑的防护高度和脚手架形式而定，当建筑总高度较高时，应增大架设高度，以加大保护范围。在烟囱、水塔等较高构筑物施工时，首层网应采用双层网，以加大防护高度增加抗冲击能力。首层网在建筑工程主体及装修的整个施工期间不能拆除。

② 随层网。随施工作业层逐层上升搭设的安全网称为随层

网，主要用于作业层人员的保护。外脚手架施工的作业层脚手板下必须再搭设一层脚手板作为防护层。当大型工具不足时，也可在脚手板下架设一道随层平网，作为防护层。立网全封闭时，可不搭设随层网，但作业层脚手板要满铺，加强防护。

③ 层间网。在首层网与随层网之间搭设的固定安全网称为层间网。自首层开始，每隔 10m 架设一道 3m 宽的水平安全网。安全网的外边沿要明显高于内边沿 50～60cm。立网全封闭时，可不搭设层间网。

4）立网架设。在由于施工条件所限不能架设平网的部位，如建筑物临塔式起重机行走作业的立面，也可采用立网防护。立网应架设在防护栏杆上，上部高出作业面的高度不小于 1.2m。立网距作业面边缘处最大间隙不得超过 100mm。立网的下部位封闭牢靠，扎结点间距不大于 500mm。小眼立网和密目安全网都属于立网，视不同要求选用。

5）搭设好的水平安全网在承受 100kg 重、表面积 2800cm² 的砂袋假人，从 10m 高处的冲击后，网绳、系绳、边绳不断。

6）扣件式钢管外脚手架，必须立挂密目安全网，沿外架子内侧进行封闭，安全网之间必须连接牢固，并与架体固定。

7）悬挑式脚手架和工具式脚手架必须立挂密目安全网，沿外排架子内侧进行封闭，并按标准搭设水平安全网防护。

8）在施工程的电梯井、采光井、螺旋式楼梯口，除必须设金属可开启式安全防护门外，还应在井口内首层并最多每隔 10m 固定一道水平安全网。

（2）拆除

拆除安全网时，必须待所防护区域内无坠落可能的作业时，方可进行，并经工程负责人同意才能拆除。

因特殊需要临时拆除的，应视时间长短，拆除后要有补救措施，或在重新架网前不准作业。

拆除安全网应自上而下依次进行。拆除过程中要设专人监护。作业人员必须系好安全带，要注意网内杂物的清理。拆除过程中应根据程序采取有效措施防止高处坠落和物体打击事故的发生。

（3）管理

1）施工过程中，对安全网及支撑系统要定期进行检查、整理、维修。主要检查支撑系统杆件、间距、结点以及封挂安全网用钢丝绳的松紧度，检查安全网片之间的连接、网内杂物、网绳磨损以及由于电焊作业造成的损伤情况。对施工期较长的工程，安全网应每隔 3 个月按批号对其实验绳进行强度实验一次，每年抽样安全网，做一次冲击实验。

2）拆除下来的安全网，要由专人作全面检查，经验收合格方准入库。安全网要存放在干燥通风、无化学物品腐蚀的仓库中，存放应分类编号、定期检验。

三、落地扣件式钢管外脚手架

落地扣件式钢管外脚手架是指沿建筑物外侧从地面搭设的扣件式钢管脚手架，随建筑结构的施工进度而逐层增高。落地扣件式钢管外脚手架是应用最广泛的脚手架之一。

落地扣件式钢管外脚手架的优点：架体稳定，作业条件好；既可用于结构工程施工，又可用于装修工程施工；便于做好安全围护。

落地扣件式钢管外脚手架的缺点：材料用量大，周转慢；搭设高度受限制；比较费人工。

扣件式钢管脚手架由钢管和扣件组成，这种脚手架的特点：装拆简便，搭设灵活，搬运方便，通用性强，能适应建筑平面、立面的变化；既可搭脚手架，也可搭模板支撑架。

落地扣件式钢管外脚手架分普通脚手架和高层建筑脚手架。搭设高度在 24m 以下的脚手架为普通脚手架；高度在 24m 以上的脚手架是高层建筑脚手架，最大不超过 50m。

（一）杆配件的材质规格

落地扣件式钢管外脚手架的杆、配件主要有钢管杆件、扣件、底座、脚手板等。

1. 钢管

脚手架钢管应采用现行国家标准《直缝电焊钢管》GB/T 13793—2008 或《低压流体输送用焊接钢管》GB/T 3091—2008 中规定的 Q235 普通钢管；钢管的钢材质量应符合现行国家标准《碳素结构钢》GB/T 700—2006 中 Q235 级钢的规定。

脚手架钢管，应采用外径为 48.3mm，壁厚为 3.6mm 的钢管。对搭设脚手架的钢管要求：

（1）为便于脚手架的搭拆，确保施工安全和运转方便，每根钢管的重量应控制在 25.8kg 之内；横向水平杆所用钢管的最大长度不得超过 2.2m，一般为 1.8～2.3m；其他杆件所用钢管的最大长度不得超过 6.5m，一般为 4～6.5m。

（2）搭设脚手架的钢管，必须进行防锈处理。

对新购进的钢管应先进行除锈，钢管内壁刷涂两道防锈漆，外壁刷涂防锈漆一道、面漆两道。

对旧钢管的锈蚀检查应每年进行一次。检查时，在锈蚀严重的钢管中抽取三根，在每根钢管的锈蚀严重部位横向截断取样检查。经检验符合要求的钢管，应进行除锈，并刷涂防锈漆和面漆，不合格的严禁使用。

（3）严禁在钢管上打孔。

2. 扣件

落地扣件式钢管外脚手架的扣件用于钢管杆件之间的连接，其基本形式有三种：直角扣件、旋转扣件和对接扣件。

直角扣件可用来连接两根垂直相交的杆件（如立杆与纵向水平杆）。

旋转扣件可用来连接两根成任意角度相交的杆件（如立杆与剪刀撑）。

对接扣件用于两根杆件的对接，如立杆、纵向水平杆的接长。

落地扣件式钢管外脚手架应采用可锻铸铁或铸钢制作的扣件，因其已有国家产品标准和专业检测单位，产品质量较易控制和管理。其材质应符合现行国家标准《钢管脚手架扣件》GB 15831—2006 的规定；采用其他材料制作的扣件，应经试验证明其质量符合该标准的规定后方可使用。

脚手架采用的扣件，在螺栓拧紧扭力矩达 65N·m 时，不得发生破坏。

对新采购的扣件应按下表所列项目逐项进行检验。

扣件质量检验表 表 3-1

项次	检查项目	验收要求
1	生产许可证、产品质量合格证	必须具备
2	法定检测单位的质量检测报告、复试报告	必须具备。当对扣件质量有怀疑时，应按现行国家标准《钢管脚手架扣件》GB 15831—2006 的规定抽样检测
3	扣件表面质量	不得有裂纹、气孔、变形；不宜有疏松、砂眼或其他影响使用性能的铸造缺陷，铸件表面无粘砂、毛刺，与钢管接触部位不应有氧化皮
4	螺栓	(1) 材质应符合《碳素结构钢》GB/T 700—2006 中 Q235 级钢的有关规定 (2) 螺纹应符合《普通螺纹基本尺寸》GB 196—2003 的规定 (3) 不得滑丝
5	防锈处理	表面应涂防锈漆和面漆
6	扣件性能	(1) 与钢管的贴合面必须严格整形，应保证与钢管扣紧时接触良好 (2) 当扣件夹紧钢管时其开口处的最大距离应小于 5mm (3) 扣件活动部位应转动灵活，旋转扣件的两旋转面间隙应小于 1.0mm

旧扣件在使用前应进行质量检查，并进行防锈处理。有裂缝、变形的严禁使用，出现滑丝的螺栓必须更换。

3. 底座

可锻铸铁制造的标准底座其材质和加工质量要求同可锻铸铁扣件相同。

焊接底座采用 Q235A 钢，焊条应采用 E43 型。

4. 脚手板

脚手板铺设在脚手架的施工作业面上，以便施工人员工作和临时堆放零星施工材料。

详见第二章第三节对脚手板的介绍，此处略。

5. 可调托撑

（1）可调托撑螺杆外径不得小于 36mm，直径与螺距应符合现行国家标准《梯形螺纹第 2 部分：直径与螺距系列》GB/T 5796.2 和《梯形螺纹第 3 部分：基本尺寸》GB/T 5796.3 的规定。

（2）可调托撑的螺杆与支托板焊接应牢固，焊缝高度不得小于 6mm；可调托撑螺杆与螺母旋合长度不得少于 5 扣，螺母厚度不得小于 30mm。如图 3-1 所示。

（3）可调托撑抗压承载力设计值不应小于 40kN，支托板厚不应小于 5mm。

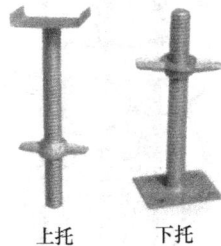

上托　　　下托

图 3-1　可调托撑

6. 悬挑脚手架用型钢

悬挑脚手架用型钢的材质应符合现行国家标准《碳素结构钢》GB/T 700—2006 或《低合金高强度结构钢》GB/T 1591—2008 的规定。

用于固定型钢悬挑梁的 U 形钢筋拉环或锚固螺栓材质应符合现行国家标准《钢筋混凝土用钢第 1 部分：热轧光圆钢筋》GB1499.1 中 HPB235 级钢筋的规定。

（二）落地扣件式钢管脚手架的构造

1. 构造和组成

扣件式钢管脚手架，由立杆、纵向水平杆（大横杆）、横向水平杆（小横杆）、剪刀撑、横向斜撑、连墙件和脚手板构成受力的骨架和作业层，再加上安全防护设施组成，如图 3-2 所示。

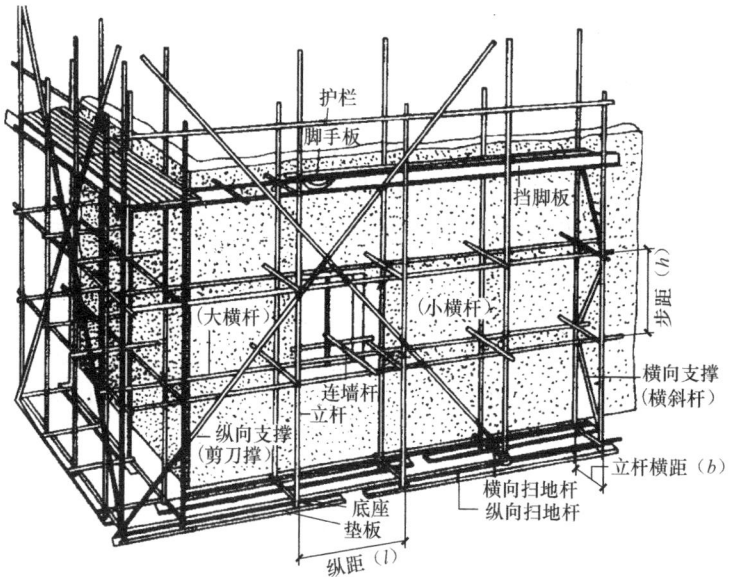

图 3-2　扣件式钢管脚手架构造图

2. 脚手架的受力及荷载的传递

脚手架是由各受力杆件组成的结构单元。横向水平杆（小横杆）、纵向水平杆（大横杆）和立柱等杆件组成了承载框架，剪刀撑、横向斜撑和连墙件主要是保证脚手架的整体刚度和稳定性，增强抵抗垂直和水平力的能力。

以扣件式钢管脚手架为例，各部件基本受力情况如下。

（1）垫板与底座，主要是受压配件，将立杆传来的点荷载转变为面荷载，增加对地面的受力面积，提高基础的抵抗力。

（2）立杆，是组成脚手架的主体构件，主要是承受压力，同时也是受弯杆件，是脚手架结构的支柱。

（3）扫地杆，主要作用是限制脚手架立杆在受偏心力矩的作用下底部发生的位移，同时减少由于基础不允许均匀沉降而造成脚手架倾斜，主要承受拉力和压力。

（4）纵向水平杆，是组成脚手架的主体构件，是受弯、受拉杆件，一是承受脚手板传来的荷载、承受安全立网自重荷载、抵御风荷载；二是约束力杆长细比。

（5）横向水平杆，是组成脚手架的主体构件，是受弯杆件，同时也承受脚手板传来的荷载，是脚手架受力和传力的主体。

（6）剪刀撑，是限制脚手架框架变形的构件，主要承受拉力和压力，通过旋转扣件的抗滑力将力传递给连接的立杆或横向水平杆。

（7）连墙件，是将脚手架承受的风荷载和其他水平荷载有效地传递到主体结构上的构件，并能限制脚手架竖向变形。在承受拉力、压力的同时又要承受拉结点自身的扭力。

（8）防护栏杆，主要是受弯和受拉杆件，设置在外立杆内侧，通过与立杆连接的扣件将所承受的水平力传到立杆上。

3. 扣件式钢管脚手架的设计尺寸

扣件式钢管脚手架高度 H，长度 L，宽度 B，步距 h，立杆纵距（跨距）l_a，立杆横距 l_b 的解释见第二章相关术语。
连墙件间距指脚手架中相邻连墙件之间的距离。
连墙件竖距指上下相邻连墙件之间的垂直距离。
连墙件横距指左右相邻连墙件之间的水平距离。
常用敞开式单、双排脚手架结构的设计尺寸，宜按下表采用。

常用密目式安全立网全封闭式双排脚手架的设计尺寸（m）

表 3-2

连接件设置	立杆横距 l_b	步距 h	下列荷载时的立杆纵距，l_a（m）				脚手架允许搭设高度（H）
			2+0.35 (kN/m²)	2+2+2 ×0.35 (kN/m²)	3+0.35 (kN/m²)	3+2+2 ×0.35 (kN/m²)	
二步三跨	1.05	1.5	2.0	1.5	1.5	1.5	50
		1.80	1.8	1.5	1.5	1.5	32
	1.30	1.5	1.8	1.5	1.5	1.5	50
		1.80	1.8	1.2	1.5	1.2	30

连接件设置	立杆横距 l_b	步距 h	下列荷载时的立杆纵距，l_a（m）				脚手架允许搭设高度（H）
			2+0.35（kN/m²）	2+2+2×0.35（kN/m²）	3+0.35（kN/m²）	3+2+2×0.35（kN/m²）	
二步三跨	1.55	1.5	1.8	1.5	1.5	1.5	38
		1.80	1.8	1.2	1.5	1.2	22
三步三跨	1.05	1.5	2.0	1.5	1.5	1.5	43
		1.80	1.8	1.2	1.5	1.2	24
	1.30	1.5	1.8	1.5	1.5	1.2	30
		1.80	1.8	1.2	1.5	1.2	17

常用密目式安全立网全封闭式单排脚手架的设计尺寸（m）

表 3-3

连墙件设置	立杆横距 l_b	步距 h	下列荷载时的立杆纵距，l_a（m）		脚手架允许搭设高度（H）
			2+0.35（kN/m²）	3+0.35（kN/m²）	
二步三跨	1.20	1.5	2.0	1.8	24
		1.80	1.5	1.2	24
	1.40	1.5	1.8	1.5	24
		1.80	1.5	1.2	24
三步三跨	1.20	1.5	2.0	1.8	24
		1.80	1.2	1.2	24
	1.40	1.5	1.8	1.5	24
		1.80	1.2	1.2	24

4. 落地扣件式钢管外脚手架构造要求

（1）立杆

立杆承受纵向水平杆传来的荷载并传递给垫板。

立杆的构造要求为：

1）每根立杆底部应设置底座或垫板。

2）脚手架必须设置纵、横向扫地杆。扫地杆的作用是约束立杆的水平移动，防止立杆不均匀沉降，提高脚手架的承载能力。纵向扫地杆应采用直角扣件固定在距钢管底端不大于200mm处的立杆上。横向扫地杆亦应采用直角扣件固定在紧靠纵向扫地杆下方的立杆上。当立杆基础不在同一高度上时，必须将高处的纵向扫地杆向低处延长两跨与立杆固定，高低差不应大于1m。靠边坡上方的立杆轴线到边坡的距离不应小于500mm（图3-3）。

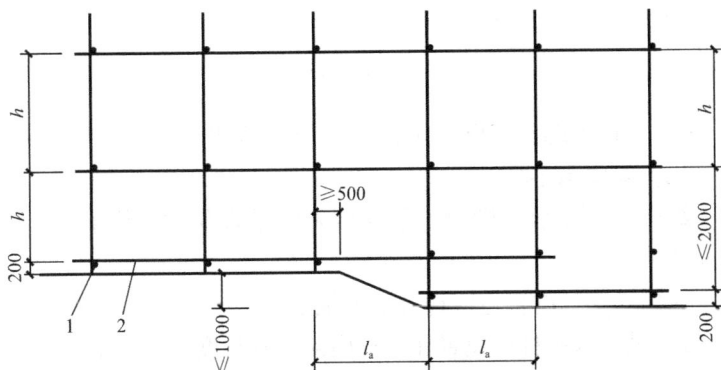

图3-3　纵、横向扫地杆构造
1—横向扫地杆；2—纵向扫地杆

3）单、双排脚手架底层步距均不应大于2m。

4）立杆必须用连墙件与建筑物可靠连接，连墙件布置间距宜按规范采用。

5）立杆接长除顶层顶步外，其余各层各步接头必须采用对接扣件连接。对接扣件应交错布置：两根相邻立杆的接头不应设置在同步内；同步隔一根立杆的两个相隔接头在高度方向错开的距离不宜小于500mm；各接头中心至主节点的距离不宜大于步距的1/3（图3-4）。

采用搭接接长时，搭接长度不应小于1m，应采用不少于2个旋转扣件固定，端部扣件盖板的边缘至杆端距离不应小于100mm。

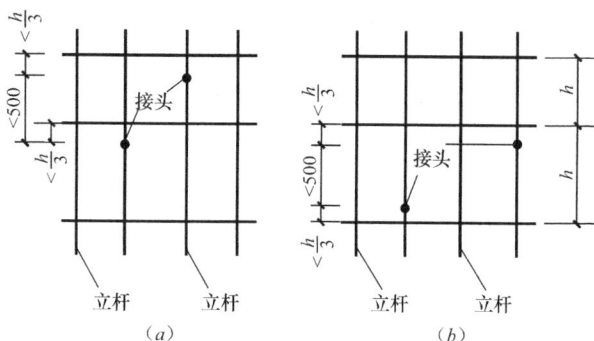

图 3-4　立柱对接接头

6）立杆顶端宜高出女儿墙上皮 1m，高出檐口上皮 1.5m。

（2）纵向水平杆

纵向水平杆承受横向水平杆传来的垂直荷载，约束立杆的侧向变形。

纵向水平杆的构造应符合下列规定：

1）纵向水平杆应设置在立杆内侧，其长度不宜小于 3 跨。

2）纵向水平杆接长应采用对接扣件连接，也可采用搭接。对接、搭接应符合下列规定：

① 纵向水平杆的对接扣件应交错布置：两根相邻纵向水平杆的接头不应设置在同步或同跨内。不同步或不同跨两个相邻接头在水平方向错开的距离不应小于 500mm；各接头中心至最近主节点的距离不宜大于纵距的 1/3（图 3-5）。

② 搭接长度不应小于 1m，应等间距设置 3 个旋转扣件固定，端部扣件盖板边缘至搭接纵向水平杆杆端的距离不应小于 100mm。

③当使用冲压钢脚手板、木脚手板、竹串片脚手板时，纵向水平杆应作为横向水平杆的支座，用直角扣件固定在立杆上；当使用竹笆脚手板时，纵向水平杆应采用直角扣件固定在横向水平杆上，并应等间距设置，间距不应大于 400mm（图 3-6）。

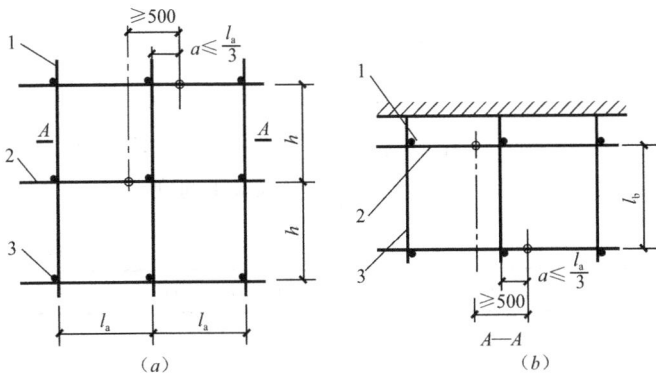

图 3-5 纵向水平杆对接接头布置

(a) 接头不在同步内（立面）；(b) 接头不在同跨内（平面）

1—立杆；2—纵向水平杆；3—横向水平杆

(3) 横向水平杆

横向水平杆承受由脚手板传来的垂直荷载，约束立杆的侧向变形。

横向水平杆的构造应符合下列规定：

1) 主节点处必须设置一根横向水平杆，用直角扣件扣接且严禁拆除。

2) 作业层上非主节点处的横向水平杆，应根据支承脚手板的需要等间距设置，最大间距不应大于纵距的1/2。

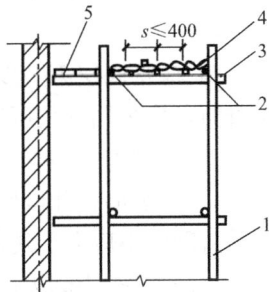

图 3-6 铺竹笆脚手板时纵向水平杆的构造

1—立杆；2—纵向水平杆；3—横向水平杆；4—竹笆脚手板；5—其他脚手板

3) 当使用冲压钢脚手板、木脚手板、竹串片脚手板时，双排脚手架的横向水平杆两端均应采用直角扣件固定在纵向水平杆上；单排脚手架的横向水平杆的一端，应用直角扣件固定在纵向水平杆上，另一端应插入墙内，插入长度不应小于180mm。

4) 使用竹笆脚手板时，双排脚手架的横向水平杆两端，应用直角扣件固定在立杆上；单排脚手架的横向水平杆的一端，应用直角扣件固定在立杆上，另一端应插入墙内，插入长度亦不应小于 180mm。

（4）连墙件

连墙件设置的位置、数量应按专项施工方案确定。数量的设置除应满足计算要求外，尚应符合表 3-4 的规定。

连墙件布置最大间距　　表 3-4

搭设方法	高度	竖向间距（h）	水平间距（la）	每根连墙杆覆盖面积（m²）
双排落地	≤50m	3h	3l_a	≤40
双排悬挑	>50m	2h	3l_a	≤27
单排	≤24m	3h	3l_a	≤40

注：h—步距；la—纵距

连墙件的布置应符合下列规定：

1）应靠近主节点设置，偏离主节点的距离不应大于 300mm。

2）应从底层第一步纵向水平杆处开始设置，当该处设置有困难时，应采用其他可靠措施固定。

3）应优先采用菱形布置，也可采用方形、矩形布置。

4）一字形、开口形脚手架的两端必须设置连墙件，连墙件的垂直间距不应大于建筑物的层高，并不应大于 4m（两步）。

对高度在 24m 以下的单、双排脚手架，宜采用刚性连墙件与建筑物可靠连接，亦可采用拉筋和顶撑配合使用的附墙连接方式。严禁使用仅有拉筋的柔性连墙件。

对高度 24m 以上的双排脚手架，必须采用刚性连墙件与建筑物可靠连接。

连墙件的构造应符合下列规定：

1）连墙件必须采用可承受拉力和压力的构造。

2）连墙件中的连墙杆或拉筋应呈水平设置，当不能水平设置时，应向脚手架一端下斜连接，不应采用上斜连接。

架高超过 40m 且有风涡流作用时，应采取抗上升翻流作用的连墙措施。

(5) 剪刀撑与横向斜撑

双排脚手架应设剪刀撑与横向斜撑，单排脚手架应设剪刀撑。

剪刀撑的设置应符合下列规定：

1）每道剪刀撑跨越立杆的根数宜按表 3-5 的规定确定。每道剪刀撑宽度不应小于 4 跨，且不应小于 6m，斜杆与地面的倾角宜在 45°～60° 之间。

剪刀撑跨越立杆的最多根数　　　　　　表 3-5

剪刀撑斜杆与地面的倾角	45°	50°	60°
剪刀撑跨越立杆的最多根数	7	6	5

2）高度在 24m 以下的单、双排脚手架，均必须在外侧立面的两端、转角各设置一道剪刀撑，并应由底至顶连续设置；中间各道剪刀撑之间的净距不应大于 15m。如图 3-7 所示。

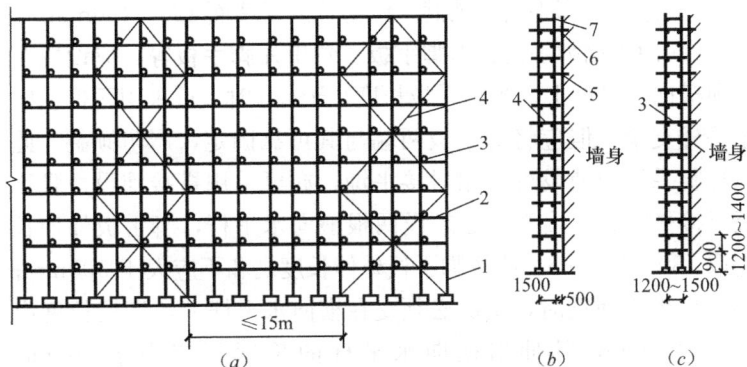

图 3-7　普通脚手架剪刀撑设置

(a) 立面图 (b) 双排架 (c) 单排架

1—立杆；2—大横杆；3—小横杆；4—剪刀撑；5—连墙件；6—作业层；7—栏杆

3）高度在 24m 及以上的双排脚手架应在外侧立面整个长度和高度上连续设置剪刀撑。

4）剪刀撑斜杆的接长宜采用搭接，搭接要求同立杆搭接要求。

5）剪刀撑斜杆应用旋转扣件固定在与之相交的横向水平杆的伸出端或立杆上，旋转扣件中心线至主节点的距离不宜大于150mm。

横向斜撑的设置应符合下列规定：

1）横向斜撑应在同一节间，由底至顶层呈之字形连续布置。

2）高度在24m以下的封闭型双排脚手架可不设横向斜撑；高度在24m以上的封闭型脚手架，除拐角应设置横向斜撑外，中间应每隔6跨设置一道。

3）一字形、开口形双排脚手架的两端均必须设置横向斜撑，中间应每隔6跨设置一道。

（6）脚手板

脚手板的设置应符合下列规定：

1）作业层脚手板应铺满、铺稳，离开墙面120～150mm。

2）冲压钢脚手板、木脚手板、竹串片脚手板等，应设置在三根横向水平杆上。当脚手板长度小于2m时，可采用两根横向水平杆支承，但应将脚手板两端与其可靠固定，严防倾翻。此三种脚手板的铺设可采用对接平铺，亦可采用搭接铺设。脚手板对接平铺时，接头处必须设两根横向水平杆，脚手板外伸长度应取130～150mm，两块脚手板外伸长度之和不应大于300mm；脚手板搭接铺设时，接头必须支在横向水平杆上，搭接长度应大于200mm，其伸出横向水平杆的长度不应小于100mm（图3-8）。

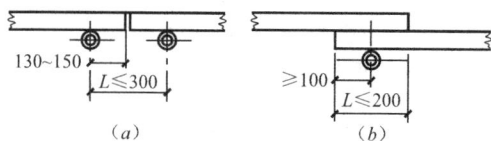

图 3-8 脚手板对接、搭接构造

（a）脚手板对接；（b）脚手板搭接

3）纵向水平杆方向铺设，且采用对接平铺，四个角应用直径 1.2mm 的镀锌钢丝固定在纵向水平杆上。

4）作业层端部脚手板探头长度应取 150mm，其板两端均应与支承杆可靠地固定。

（7）抛撑

当脚手架下部暂不能设连墙件时可搭设抛撑。

1）抛撑应采用通长杆件与脚手架可靠连接，与地面的倾角应在 45°～60° 之间。

2）连接点中心至主节点的距离不应大于 300mm。

3）抛撑应在连墙件搭设后方可拆除。

（8）门洞

单、双排脚手架门洞宜采用上升斜杆、平行弦杆桁架结构形式（图 3-9），斜杆与地面的倾角应在 45°～60° 之间。

门洞桁架的形式宜按下列要求确定：

1）当步距（h）小于纵距（l_a）时，应采用 A 型。

2）当步距（h）大于纵距（l_a）时，应采用 B 型。且 h = 1.8m 时，纵距不应大于 1.5m；h = 2.0m 时，纵距不应大于 1.2m。

单、双排脚手架门洞桁架的构造应符合下列规定：

1）单排脚手架门洞处，应在平面桁架（图 3-9 中 ABCD）的每一节间设置一根斜腹杆；双排脚手架门洞处的空间桁架，除下弦平面外，应在其余 5 个平面内的图示节间设置一根斜腹杆（图 3-9 中 1-1、2-2、3-3 剖面）。

2）斜腹杆宜采用旋转扣件固定在与之相交的横向水平杆的伸出端上，旋转扣件中心线至主节点的距离不宜大于 150mm。当斜腹杆在 1 跨内跨越 2 个步距（图 3-9A 型）时，宜在相交的纵向水平杆处，增设一根横向水平杆，将斜腹杆固定在其伸出端上。

3）斜腹杆宜采用通长杆件，当必须接长使用时，宜采用对接扣件连接，也可采用搭接。

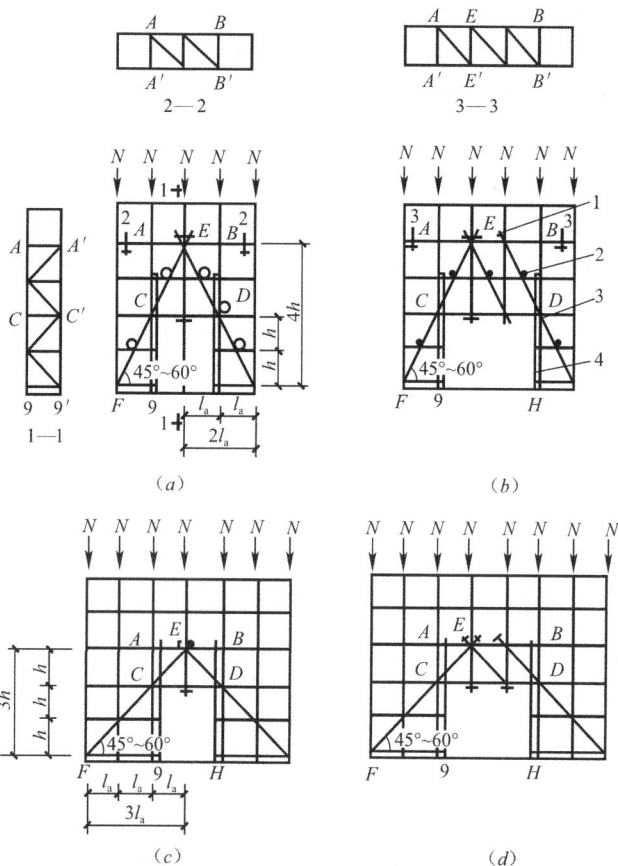

图 3-9　门洞处上升斜杆、平行弦杆桁架

(a) 挑空一根立杆（A 型）；(b) 挑空二根立杆（A 型）；

(c) 挑空一根立杆（B 型）；(d) 挑空二根立杆（B 型）

1—防滑扣件；2—增设的横向水平杆；3—副立杆；4—主立杆

4）单排脚手架过窗洞时应增设立杆或增设一根纵向水平杆（图 3-10）。

5）门洞桁架下的两侧立杆应为双管立杆，副立杆高度应高于门洞口 1～2 步。

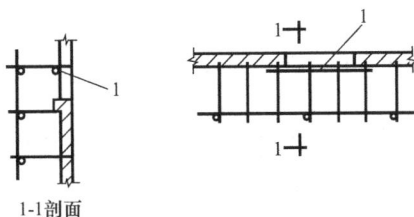

图 3-10 单排脚手架过窗洞构造
1—增设的纵向水平杆

6）门洞桁架中伸出上下弦杆的杆件端头，均应增设一个防滑扣件（图 3-9），该扣件宜紧靠主节点处的扣件。

（9）斜道

人行并兼作材料运输的斜道，对高度不大于 6m 的脚手架，宜采用一字形斜道；高度大于 6m 的脚手架，宜采用之字形斜道。如图 3-11 所示。

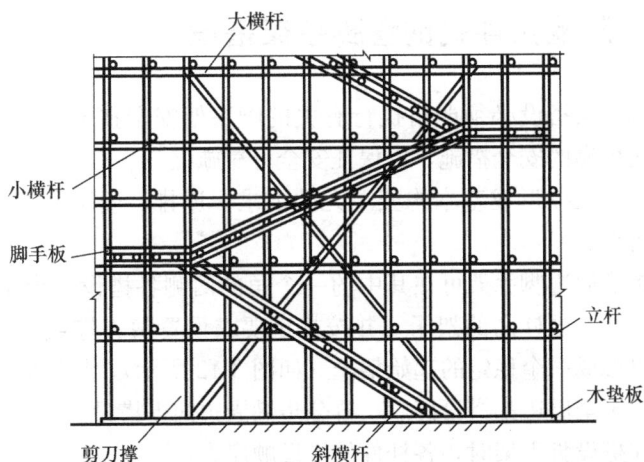

图 3-11 外脚手架中斜道示意

斜道的构造应符合下列规定：

1）斜道应附着外脚手架或建筑物设置。

2）运料斜道宽度不宜小于 1.5m，坡度宜采用 1：6；人行斜道宽度不宜小于 1m，坡度宜采用 1：3。

3）拐弯处应设置平台，其宽度不应小于斜道宽度。

4）斜道两侧及平台外围均应设置栏杆及挡脚板。栏杆高度应为 1.2m，挡脚板高度不应小于 180mm。

5）运料斜道两侧、平台外围和端部均应按规定设置连墙件；每两步应加设水平斜杆；应按规定设置剪刀撑和横向斜撑。

斜道脚手板构造应符合下列规定：

1）脚手板横铺时，应在横向水平杆下增设纵向支托杆，纵向支托杆间距不应大于 500mm。

2）脚手板顺铺时，接头宜采用搭接；下面的板头应压住上面的板头，板头的凸棱处宜采用三角木填顺。

3）人行斜道和运料斜道的脚手板上应每隔 250～300mm 设置一根防滑木条，木条厚度宜为 20～30mm。

（三）落地扣件式钢管脚手架搭设

脚手架搭设必须严格执行有关的脚手架安全技术规范，采取切实可靠的安全措施，以保证安全可靠施工。

脚手架按形成基本构架单元的要求，逐排、逐跨、逐步地进行搭设。

矩形周边脚手架可在其中的一个角的两侧各搭设一个 1～2 根杆长和 1 根杆高的架子，并按规定要求设置剪刀撑或横向斜撑，以形成一个稳定的起始架子（如图 3-12 所示），然后向两边延伸，至全周边都搭设好后，再分步满周边向上搭设。

在搭设脚手架时，各杆件的搭设顺序为：

搭设准备→放立杆位置线→铺垫板→放底座→摆放纵向扫地杆→逐根竖立杆（随即与纵向扫地杆扣紧）→安放横向扫地杆（与立杆或纵向扫地杆扣紧）→安装第一步大横杆和小横杆→安装第二步大横杆和小横杆→加设临时抛撑（上端与第二步大

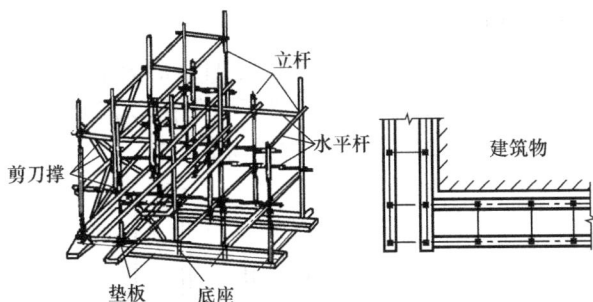

图 3-12　脚手架搭设的起始架子

横杆扣紧,在设置二道连墙杆后可拆除)→安装第三、四步大横杆和小横杆;设置连墙杆→安装横向斜撑→接立杆→加设剪刀撑;铺脚手板→安装封顶杆→安装护身栏杆和扫脚板→立挂安全网。

脚手架必须配合施工进度搭设,一次搭设高度不应超过相邻连墙件以上两步。每搭完一步脚手架后,应按规范规定校正步距、纵距、横距及立杆的垂直度。

1. 放线和铺垫板

按单、双排脚手架的杆距、排距要求放线、定位,铺设垫板和安放底座时应注意垫板铺平稳,不得悬空,底座、垫板必须准确地放在定位线上,双管立杆应采用双管底座或点焊在一根槽钢上。垫板宜采用长度不少于 2 跨、厚度不小于 50mm 的木垫板,也可采用槽钢。

2. 摆放纵向扫地杆、竖立杆

根据脚手架的宽度摆放纵向扫地杆。在搭双排脚手架时,第一步架最好有 6~8 人互相配合操作。竖立杆时,一人拿起立杆并插入底座中,另一人用左脚将底座的底端踩住,并用双手将立杆竖起并准确插入底座内。然后将各立杆的底部按规定跨距与纵向扫地杆用直角扣件固定,并安装好横向扫地杆。

要求内、外排的立杆同时竖起，及时拿起纵横向扫地杆用直角扣件与立杆连接扣住。先竖两端立杆，后竖中间各根立杆。

每根立杆底部应设置底座或垫板。如图 3-13 所示。纵向、横向扫地杆及立杆的搭设应符合前述构造规定。

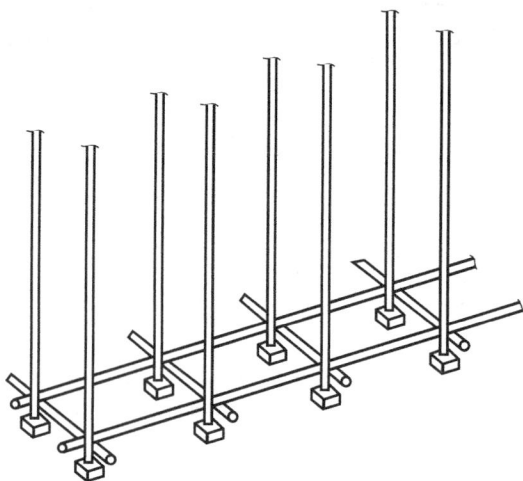

图 3-13　摆放扫地杆、竖立杆

3. 安装纵向水平杆和横向水平杆

在竖立杆的同时，要及时搭设第一、二步纵向水平杆和横向水平杆，以及临时抛撑或连墙件，以防架子倾倒。

（1）使用冲压钢脚手板、木脚手板、竹串片脚手板时应先安装纵向水平杆，用直角扣件把纵向水平杆固定在立杆内侧；再安装横向水平杆，均应用直角扣件将其固定在纵向水平杆上。如图 3-14 所示。

作业层上非主节点处的横向水平杆应根据支承脚手板的需要，等距离设置（用直角扣件固定在纵向水平杆上），最大间距应不大于 1/2 跨距。

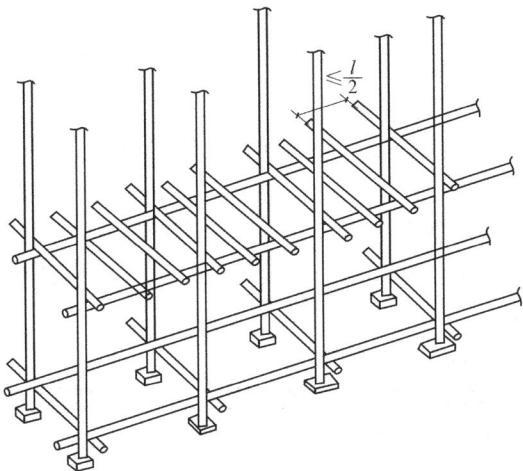

图 3-14 脚手架纵向、横向水平杆安装（铺冲压钢脚手板等时）

（2）使用竹笆脚手板时

应先安装横向水平杆，两端用直角扣件固定在立杆上；再安装纵向水平杆，在立杆内侧用直角扣件固定在横向水平杆上。如图 3-15 所示。

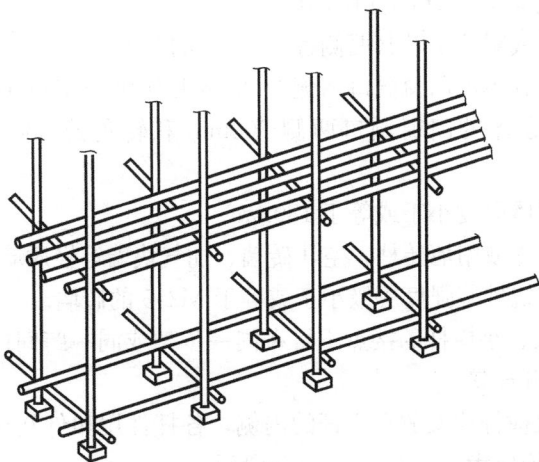

图 3-15　脚手架纵向、横向水平杆安装（铺竹笆脚手板）

作业层上非主节点处的纵向水平杆，应根据铺放脚手板的需要，等距离设置（用直角扣件固定在横向水平杆上），其间距应不大于400mm。

在竖立第一步架时，必须有一人负责校正立杆的垂直度和大横杆的平直度。立杆的垂直偏差不大于架高的1/200，如6m的立杆垂直偏差不得大于3cm。先校正两端头的立杆，中间立杆以端头立杆为准竖直即可。其他立杆、大小横杆可按上述操作要点进行。

搭设大小横杆应注意以下几点：

1）封闭型脚手架同一步架内大横杆必须四周交圈，用直角扣件与外、内角柱固定好。

2）双排脚手架的小横杆的靠墙一端至墙面的距离不宜大于100mm。

3）单排脚手架的横向水平杆不应设置在下列部位：

① 设计上不允许留脚手眼的部位。

② 过梁上与过梁两端成60°角的三角形范围内及过梁净跨度1/2的高度范围内。

③ 宽度小于1m的窗间墙。

④ 梁或梁垫下及其两侧各500mm的范围内。

⑤ 砖砌体的门窗洞口两侧200mm和转角处450mm的范围内；其他砌体的门窗洞口两侧300mm和转角处600mm的范围内。

⑥ 墙体厚度小于或等于180mm。

⑦ 独立或附墙砖柱，空斗砖墙、加气块墙等轻质墙体。

⑧ 砌筑砂浆强度等级小于或等于M2.5的砖墙。

4）大、小横杆的接点不得在同一步架或同一跨间内，并要求上下错开连接。

5）大横杆应安放在立杆的内侧，各杆件用扣件互相连接伸出的端头均应大于100mm，以防滑脱。

4. 设置抛撑

在设置第一层连墙件之前，除角部外，每隔 6 跨设一道抛撑，直至装设连墙件稳定后，方可视情况拆除。

抛撑应采用通长杆，上端与脚手架中第二步纵向水平杆连接，连接点与主节点的距离不大于 300mm。

5. 设置连墙件

当脚手架施工操作层高出相邻连墙件两步时，应采取临时稳定措施，直到上一层连墙件搭设完后，方可根据情况拆除。

(1) 连墙件做法

连墙件有刚性连墙件和柔性连墙件两类。

1）刚性连墙件

刚性连墙件（杆）一般有 3 种做法：

① 连墙杆与预埋件焊接而成。

在现浇混凝土的框架梁、柱上留预埋件，然后用钢管或角钢的一端与预埋件焊接，如图 3-16（a）所示，另一端与连接短钢管用螺栓连接。

② 用短钢筋、扣件与钢筋混凝土柱连接，如图 3-16（b）所示。

③ 用短钢筋、扣件与墙体连接，如图 3-16（c）所示。

2）柔性连墙件

单排脚手架的柔性连墙件做法如图 3-17（a）所示，双排脚手架的柔性连墙件做法如图 3-17（b）所示。拉结和顶撑必须配合使用。其中拉筋用 $\phi6m$ 钢筋或 $\phi4$ 的铅丝，用来承受拉力；顶撑用钢管和木楔，用以承受压力。但柔性连墙件因做法粗糙，可靠性差，不符合安全要求，目前已经基本被取消使用。

(2) 连墙件的设置要求

连墙件搭设应符合前述构造规定。

1）$H<24m$ 的脚手架宜用刚性连墙件；$H\geqslant24m$ 的脚手架必须用刚性连墙件，严禁使用柔性连墙件。

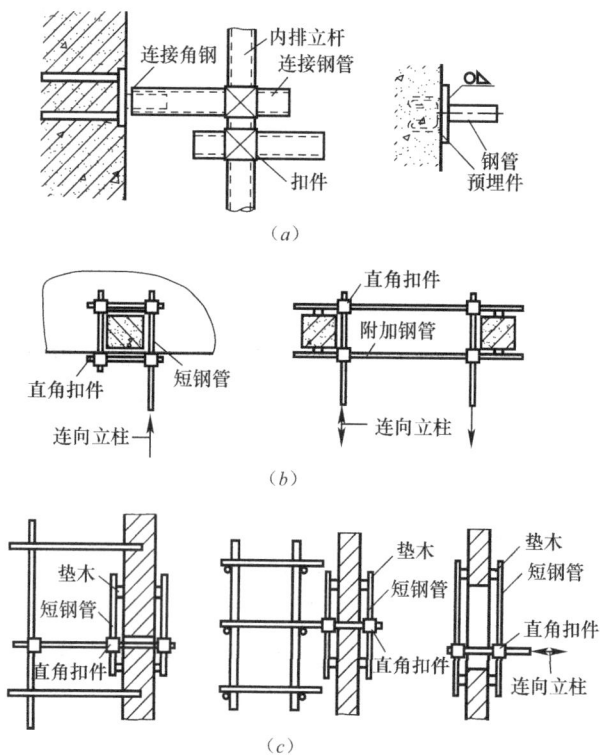

图 3-16 刚性连墙件

(a) 钢管焊接刚性连墙件；(b) 钢筋扣件柱刚性连墙件；

(c) 钢筋扣件墙刚性连墙件

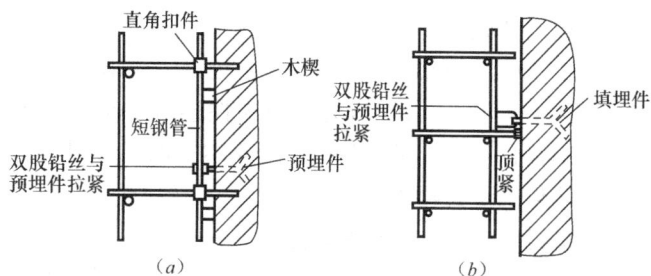

图 3-17 柔性连墙件

2）连墙件宜优先菱形布置（图3-18），也可用方形、矩形布置。

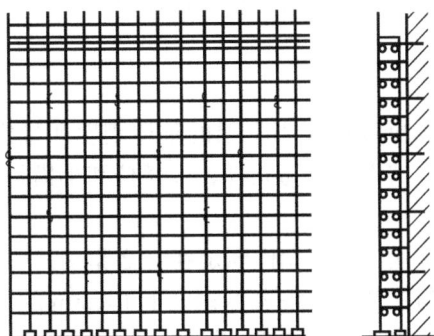

图3-18　连墙件的布置

6. 接立杆

立杆接长除顶层顶步可采用搭接接头外，其余各层各步接头必须采用对接扣件连接。接头应符合前述构造规定。

在搭设脚手架立杆时，为控制立杆的偏差，对立杆的垂直度应进行检测（用经纬仪或吊线和卷尺）。而立杆的垂直度用控制水平偏差来保证。立杆的允许水平偏差应符合规范规定。

开始搭设立杆时，应每隔6跨设置一根抛撑，直至连墙件安装稳定后，方可视情况拆除。

当架体搭至有连墙件的主节点时，在搭设完该处的立杆、纵向水平杆、横向水平杆后，应立即设置连墙件。

7. 设置横向斜撑

横向斜撑搭设应随立杆、大横杆和小横杆等同步搭设，不得滞后安装。

设置横向斜撑可以提高脚手架的横向刚度，并能够显著提高脚手架的稳定性和承载力。

斜撑杆宜采用旋转扣件固定在与之相交的横向水平杆的伸

出端（扣件中心线与主节点的距离不宜大于150mm），底层斜杆的下端必须支承在垫块或垫板上。

横向斜撑的设置应符合前述构造规定。

8. 设置剪刀撑

设置剪刀撑可以增强脚手架的整体刚度和稳定性，提高脚手架的承载力。剪刀撑应随立杆、大横杆和小横杆等同步搭设，不得滞后安装。

剪刀撑斜杆应用旋转扣件固定在与之相交的横向水平杆上，且扣件中心线与主节点的距离不宜大于150mm的伸出端，底层斜杆的下端必须支承在垫块或垫板上。

剪刀撑斜杆的接长宜采用搭接，搭接要求同立杆。

剪刀撑的设置应符合前述构造规定。

9. 铺脚手板

脚手板的铺设应符合下列规定：

1）脚手板应铺满、铺稳，离开墙面120～150mm。

2）采用对接或搭接时均应符合规范规定；脚手板探头应用直径3.2mm的镀锌钢丝固定在支承杆件上。

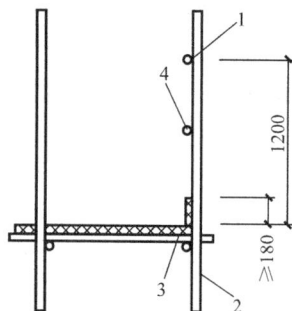

图3-19　栏杆与挡脚板构造

1—上栏杆；2—外立杆；

3—挡脚板；4—中栏杆

3）在拐角、斜道平台口处的脚手板，应与横向水平杆可靠连接，防止滑动。

10. 栏杆和挡脚板搭设

作业层、斜道的栏杆和挡脚板的搭设应符合下列规定（图3-19）：

（1）栏杆和挡脚板均应搭设在外立杆的内侧。

（2）上栏杆上皮高度应为1.2m，中栏杆居中设置。

（3）挡脚板高度不应小于 180mm。

（4）有时也可用一道高于脚手板 200～400mm 的栏杆（踢脚杆）替代挡脚板。

11. 脚手架封顶

扣件式钢管脚手架一次不宜搭得过高，应随着结构的升高而升高。脚手架在封顶时，必须按安全操作要求做到以下几点：

（1）封顶构造要求

1）外排立杆必须超过房屋檐口的高度。如图 3-20 所示。平屋顶高出女儿墙 1m，坡屋顶超过檐口 1.5m。

2）里排立杆必须低于檐口底 150～200mm。

3）脚手架最上一排连墙件以上的建筑物高度应不大于 4m。

4）绑扎两道护身栏杆，一道 180mm 高的挡脚板，并立挂安全网。

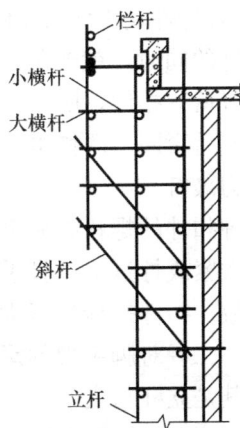

（2）房屋挑檐部位脚手架封顶

在房屋的挑檐部位搭设脚手架时，可用斜杆将脚手架挑出，如图 3-21 所示。其构造有以下要求：

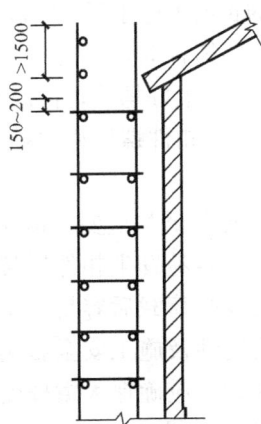

图 3-20 坡屋顶脚手架封顶   图 3-21 挑檐部位脚手架封顶

1）挑出部分的高度不得超过两步，宽度不超过 1.5m。

2）斜杆应在每根立杆上挑出，与水平面的夹角不得小于60°，斜杆的两端均交于脚手架的主节点处。

3）斜杆间的距离不得大于 1.5m。

4）脚手架挑出部分最外排立杆与原脚手架的两排立杆，至少设置 3 道平行的纵向水平杆。

12. 扣件安装注意事项

扣件安装应符合下列规定：

1）扣件规格必须与钢管外径相同。

2）扣件螺栓拧紧扭力矩不应小于 40N·m，且不应大于 65N·m。

3）在主节点处固定横向水平杆、纵向水平杆、剪刀撑、横向斜撑等用的直角扣件、旋转扣件的中心点的相互距离不应大于 150mm。

4）对接扣件开口应朝下或朝内，以防雨水进入。

5）连接纵向（或横向）水平杆与立杆的直角扣件。其开口要朝上，以防止扣件螺栓滑丝时水平杆的脱落。

6）各杆件端头伸出扣件盖板边缘的长度不应小于 100mm。

架杆的同时，就要装扣件并紧固。架横杆时，可在立杆上预定位置留置扣件，横杆依该扣件就位。先上好螺栓，再调平、校正，然后紧固。调整扣件位置时，要松开扣件螺栓移动扣件，不能猛力敲打。

各种扣件的螺栓拧紧度对脚手架的安全至关重要，扣件螺栓拧得太紧或拧过头，脚手架承受荷载后容易发生扣件崩裂或滑丝事故；扣件螺栓拧得太松，脚手架承受荷载后容易产生滑落事故。二者对脚手架的承载能力、稳定性及施工安全影响极大。尤其是立杆与大横杆连接部位的扣件，应确保大横杆受力后不致向下滑移。紧固扣件时，要注意以下几点：

1）紧固力矩

试验表明，扣件螺栓拧紧到扭矩为 40～65N·m 时，扣件才具有抗滑、抗转动和抗拔出的能力，并具有一定的安全储备。当扭矩达 65N·m 以上时，扣件螺栓将出现"滑丝"，甚至断裂。因此，要求扭矩最大不得超过 65N·m。

2）紧固扣件螺栓的工具

可以用棘轮扳手和固定扳手（活动扳手）。棘轮扳手可以连续拧转操作，使用方便。固定（活动）扳手时，操作人应根据自己使用的扳手的长度用测力计测量自己的手劲，反复练习，以便熟练掌握自己扭力矩的大小，可确保脚手架的搭设安全。

3）扣件开口的朝向

根据扣件所处的位置和作用的不同，应注意扣件在杆上的开口朝向的差异。要有利于扣件受力；当螺栓滑丝时，不致立即脱落；要避免雨水进入钢管。例如，用于连接大横杆的对接扣件，扣件开口应朝里、螺栓朝上，以防止雨水进入钢管，使钢管锈蚀。使用直角扣件时开口应朝内或外、螺栓朝上。

（四）脚手架搭设的检查、验收和安全管理

1. 脚手架搭设的检查、验收

扣件式钢管脚手架的搭设质量阶段性检查、验收和维护内容，验收文件，见第二章。经检查合格者方可验收交付使用。

脚手架的质量检查、验收，重点检查下列项目，并需将检查结果记入验收报告。

（1）脚手架的架杆、配件设置和连接是否齐全，质量是否合格，构造是否符合要求，扣件连接是否紧固可靠。

（2）地基是否有积水，基础是否平整、坚实，底座是否松动，立杆是否有悬空。

（3）连墙件的数量、位置和设置是否符合规定。

（4）安全网的张挂及扶手的设置是否符合规定要求。

（5）脚手架的垂直度与水平度的偏差是否符合要求。

（6）是否超载。

为便于使用，表3-6列出了扣件式钢管脚手架搭设的技术要求、允许偏差及检查方法。

脚手架搭设的技术要求允许偏差与检验方法　　表3-6

项次	项目		技术要求	允许偏差 Δ（mm）	示意图			检查方法与工具
1	地基基础	表面	坚实平整	—	—			观察
		排水	不积水					
		垫板	不晃动					
			不滑动					
		底座	不沉降	—10				
2	单、双排与满堂脚手架立杆垂直度	最后验收立杆垂直度20～50m		—	±100			用经纬仪或吊线和卷尺
		下列脚手架允许水平偏差（mm）						
		搭设中检查偏差的高度（m）			总高度			
					52m	40m	20m	
		H=2			±7	±7	±7	
		H=10			±20	25	±50	
		H=20			±40	±50	±100	
		H=30			±60	±75		
		H=40			±80	±100		
		H=50			±100			
		中间档次用插入法						
3	满堂支撑架立杆垂直度	最后验收垂直30m		—	±90			用经纬仪或吊线和卷尺
		下列满堂支撑架允许水平偏差（mm）						
		搭设中检查偏差的高度（m）			总高度			
					30m			
		H=2			±7			
		H=10			±30			
		H=20			±60			
		H=30			±90			
		中间档次用插入法						

项次	项目		技术要求	允许偏差 Δ（mm）	示意图	检查方法与工具
4	单双排、满堂脚手架间距	步距 纵距 横距	— — —	±20 ±50 ±20	—	钢板尺
5	满堂支撑架间距	步距 立杆间距	— —	±20 ±30	—	钢板尺
6	纵向水平杆高差	一根杆的两端	—	±20		水平仪或水平尺
		同跨内两根纵向水平杆高差	—	±10		
7	前刀撑斜杆与地面的倾角	45°～60°		—	—	角尺
8	脚手板外伸长度	对接	a＝130～150mm l≤300mm	—		卷尺
		搭接	a≥100mm l≥200mm	—		卷尺
9	扣件安装	主节点处各扣件中心点相互距离	a≤150mm	—		钢板尺

项次	项目		技术要求	允许偏差 Δ（mm）	示意图	检查方法与工具
9	扣件安装	同步立杆上两个相隔对接扣件的高差	$a\geqslant$ 500mm	—		钢卷尺
		立杆上的对接扣件至主节点的距离	$a\leqslant\dfrac{h}{3}$			
		纵向水平杆上的对接扣件至主节点的距离	$a\leqslant\dfrac{l_a}{3}$	—		钢卷尺
		扣件螺栓拧紧扭矩	40～65 N·m	—	—	扭力扳手

扣件式钢管脚手架是采用扣件连接，安装后扣件螺栓拧紧扭矩应采用扭力扳手检查，抽样方法应按随机分布原则进行。抽样检查的数量与质量判定标准应按表 3-7 的规定确定。不合格的应重新拧紧至合格。

扣件拧紧抽样检查数目及质量判定标准　　表 3-7

项次	检查项目	安装扣件数量（个）	抽检数量（个）	允许的不合格数量（个）
1	连接立杆与纵（横）向水平杆或剪刀撑的扣件；接长立杆、纵向水平杆或剪刀撑的扣件	51～90	5	0
		91～150	8	1
		151～280	13	1
		281～500	20	2
		501～100	32	3
		1201～3200	50	5
2	连接横向水平杆与纵向水平杆的扣件（非主节点处）	51～90	5	1
		91～150	8	2
		151～280	13	3
		281～500	20	5
		501～1200	32	7
		1201～3200	50	10

脚手架是建筑施工的主要设施，主管部门对施工现场进行安全生产检查时，在十八个分项中占了八项。

2. 脚手架使用的安全管理

扣件式钢管脚手架的安全管理要求除第二章的一般要求外，还有：

（1）钢管上严禁打孔。

（2）作业层上的施工荷载应符合设计要求，不得超载。不得在脚手架上集中堆放模板、钢筋等物件，严禁在脚手架上拉缆风绳，不得将模板支架、泵送混凝土和砂浆的输送管等固定在架体上，严禁悬挂起重设备，严禁拆除或移动架体上安全防护设施。

（3）在脚手架使用期间，严禁拆除下列杆件：主节点处的纵、横向水平杆，纵、横向扫地杆，连墙件。

（4）当在脚手架使用过程中开挖脚手架基础下的设备基础或管沟时，必须对脚手架采取加固措施。

（5）脚手板应铺设牢靠、严实，并应用安全网双层兜底。施工层以下每隔 10m 应用安全网封闭。

（6）单、双排脚手架、悬挑式脚手架沿架体外围应用密目式安全网全封闭，密目式安全网宜设置在脚手架外立杆的内侧，并应与架体绑扎牢固。

（7）夜间不宜进行脚手架搭设与拆除作业。

（五）脚手架的拆除、保管和整修保养

1. 脚手架的拆除

拆除作业的施工准备、安全技术要求和防护措施见第二章的一般要求。

（1）脚手架的拆除顺序与搭设顺序相反，后搭的先拆，先搭的后拆。

扣件式钢管脚手架的拆除顺序为：

安全网→剪刀撑→斜道→连墙件→横杆→脚手板→斜杆→立杆→……→立杆底座。

（2）拆脚手架杆件，应尽量避免单人进行拆卸作业，必须由 2～3 人协同操作，严禁单人拆除如脚手板、长杆件等较重、较大的杆部件。拆纵向水平杆时，应由站在中间的人向下传递，严禁向下抛掷。

（3）拆除立杆时，先把稳上部，再松开下端的联结，然后取下；拆除大横杆、斜撑、剪刀撑时，应先拆中间扣，然后托住中间，再解端头扣，松开联结后，水平托举取下。

（4）连墙件必须随脚手架逐层拆除，严禁先将连墙件整层或数层拆除后再拆脚手架杆件。

（5）脚手架分段拆除高差不应大于 2 步，如高差大于 2 步，应增设连墙件加固。

（6）当脚手架拆至下部最后一根立杆高度（约 6.5m）时，应在适当位置先搭设临时抛撑加固后，再拆除连墙件。

（7）如部分脚手架需要保留而采取分段、分立面拆除时，对不拆除部分脚手架的两端应按规定设置连墙件和横向斜撑加固。

2. 脚手架材料的保管、整修和保养

拆下的脚手架杆、配件，应及时检验、整修和保养，并按品种、规格、分类堆放，以便运输保管。

四、碗扣式钢管外脚手架

碗扣式脚手架，又称多功能碗扣型脚手架，是采用定型钢管杆件和碗扣接头连接的一种承插锁固式多立杆脚手架，是我国科技人员在 20 世纪 80 年代中期根据国外的经验开发出来的一种新型多功能脚手架。具有结构简单、轴向连接，力学性能好、承载力大，接头构造合理，工作安全可靠，拆装方便、高效，操作容易，构件自重轻，作业强度低，零部件少，损耗率低，便于管理，易于运输，多种功能等优点，在我国近年来发展较快，现已广泛用于房屋、桥梁、涵洞、隧道、烟囱、水塔、大坝、大跨度网架等多种工程施工中，取得了显著的经济效益。

碗扣式脚手架在操作上免去了工人拧紧螺栓的过程，它的节点构造完全是杆件和扣件的旋转、承插、长扣啃合的，只要安装到位就达到目的，不像扣件式脚手架人工拧螺栓，其紧固程度靠工人用力的感觉来完成。这种脚手架结构的本身安全，克服了人为的感觉因素，更能直观的体现脚手架作为一种临时结构的安全性。

（一）构配件的材质规格

1. 碗扣式钢管脚手架的构造特点

碗扣式钢管脚手架采用每隔 0.6m 设一套碗扣接头的定型立杆和两端焊有接头的定型横杆，并实现杆件的系列标准化。主要构件是 $\phi 48mm \times 3.5mm$，Q235A 级焊接钢管，壁厚为 $3.5_0^{+0.25}mm$，其核心部件是连接各杆的带齿的，它由上碗扣、下碗扣、横杆接头、斜杆接头和上碗扣限位销等组成，其构造如图 4-1 (a) 所示。

立杆上每隔 0.6m 安装一套碗口节点，并在其顶端焊接立杆连接管。下碗扣和限位销焊在立杆上，上碗扣对应地套在钢管上，其销槽对准限位销后即能上、下滑动。

横杆是在钢管的两端各焊接一个横杆接头而成。

连接时，只需将横杆接头插入立杆上的下碗扣圆槽内，再将上碗扣沿限位销扣下，并顺时针旋转，靠上碗扣螺旋面使之与限位销顶紧（可使用锤子敲击几下即可达到扣紧要求），从而将横杆与立杆牢固地连在一起，（图 4-1 (b)）形成框架结构。碗扣式接头的拼装完全避免了螺栓作业。可同时连接四根横杆，并且横杆可以互相垂直，也可以倾斜一定的角度。

斜杆是在钢管的两端铆接斜杆接头而成。同横杆接头一样可装在下碗扣内，形成斜杆节点。斜杆可绕斜杆接头转动（图 4-2）。

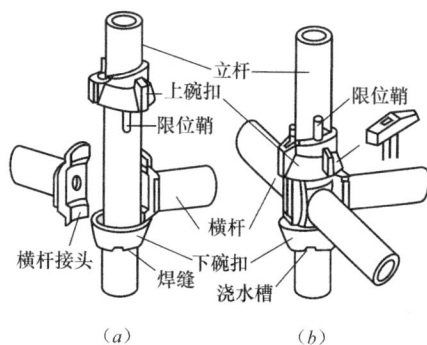

图 4-1　碗扣节点构造
(a) 连接前；(b) 连接后

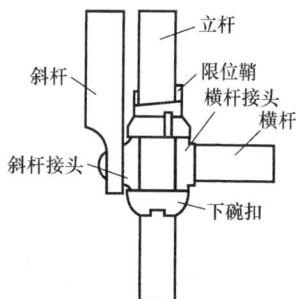

图 4-2　斜杆节点构造

2. 碗扣式钢管脚手架构配件

碗扣式钢管脚手架构配件按用途可分为主构件、辅助构件和专用构件三类。主要构配件种类、规格及质量，应符合表 4-1 的规定。

142

碗扣式钢管脚手架主要杆配件种类、规格及质量　表 4-1

名称	常用型号	规格（mm）	理论重量（kg）
立杆	LG-120	$\phi48\times1200$	7.05
	LG-180	$\phi48\times1800$	10.19
	LG-240	$\phi48\times2400$	13.34
	LG-300	$\phi48\times3000$	16.48
横杆	HG-30	$\phi48\times300$	1.32
	HG-60	$\phi48\times600$	2.47
	HG-90	$\phi48\times900$	3.63
	HG-120	$\phi48\times1200$	4.78
	HG-150	$\phi48\times1500$	5.93
	HG-180	$\phi48\times1800$	7.08
	HG-240	$\phi48\times2400$	9.38
间横杆	JHG-90	$\phi48\times900$	4.37
	JHG-120	$\phi48\times1200$	5.52
	JHG-120＋30	$\phi48\times(1200＋300)$ 用于窄挑梁	6.85
	JHG-120＋60	$\phi48\times(1200＋600)$ 用于窄挑梁	8.16
专用外斜杆	XG-0912	$\phi48\times1500$	6.33
	XG-1212	$\phi48\times1700$	7.03
	XG-1218	$\phi48\times2160$	8.66
	XG-1518	$\phi48\times2340$	9.30
	XG-1818	$\phi48\times2550$	10.04
专用斜杆	ZXG-0912	$\phi48\times1270$	5.89
	ZXG-0918	$\phi48\times1750$	7.73
	ZXG-1212	$\phi48\times1500$	6.76
	ZXG-1218	$\phi48\times1920$	8.37
窄挑梁	TL-30	宽度 300	1.53
宽挑梁	TL-60	宽度 600	8.60
立杆连接销	LLX	$\phi10$	0.18
可调底座	KTZ-45	T38×6 可调范围≤300	5.82
	KTZ-60	T38×6 可调范围≤450	7.12
	KTZ-75	T38×6 可调范围≤600	8.50

续表

名称	常用型号	规格（mm）	理论重量（kg）
可调托撑	KTC-45	T38×6 可调范围≤300	7.01
	KTC-60	T38×6 可调范围≤450	8.31
	KTC-75	T38×6 可调范围≤600	9.69
脚手板	JB-120	1200×270	12.80
	JB-150	1500×270	15.00
	JB-180	1800×270	17.90

（1）主构件

构成脚手架主体的杆部件，共有 6 类。

1）立杆

立杆是脚手架的主要受力杆件，由一定长度的 $\phi 48\times 35$、Q235 钢管上每隔 0.6m 装一套，并在其顶端焊接立杆连接管制成。立杆有 1.2m、1.8m、2.4m、3.0m 四种规格。

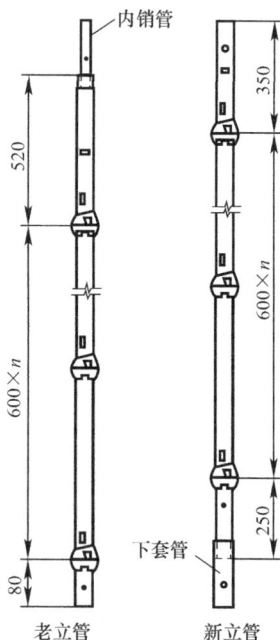

图 4-3　两种立杆的基本结构

2）顶杆（顶部立杆）

顶端设有立杆连接管，便于在顶端插入托撑或可调托撑等。主要用于支撑架、支撑柱、物料提升架等的顶部。因其顶部有内销管，无法插入托撑，有的模板将立杆的内销管改为下套管，取消了顶杆，实现了立杆和顶杆的统一，使用效果很好。两种立杆的基本结构如图 4-3 所示。

3）横杆

组成框架的横向连接杆件，由一定长度的 $\phi 48\times 35$、Q235 钢管两端焊接横杆接头制成。有 1.80m、1.5m、1.2m、0.9m、0.6m、0.3m 等 6 种规格。

为适应模板早拆支撑的要求（模

数为 300mm 的两个早拆模板间一般留 50mm 宽迟拆条），增加了规格为 950mm、1250mm、1550mm、1850mm 的横杆。

4）单排横杆

主要用作单排脚手架的横向水平横杆，只在 $\phi 48 \times 35$、Q235 钢管一端焊接横杆接头，有 1.4m、1.8m 二种规格。

5）斜杆

斜杆是为增强脚手架的稳定性而设计的系列构件，在 $\phi 48 \times 35$、Q235 钢管两端铆接斜杆接头制成，斜杆接头可转动，同横杆接头一样可装在下碗扣内，形成节点斜杆。分专用外斜杆与专用内斜杆。

6）底座

是安装在立杆根部防止其下沉，并将上部荷载分散传递给地基基础的构件。有以下三种。

① 垫座

只有一种规格（LDZ），由 150mm×150mm×8mm 钢板和中心焊接连接杆制成，立杆可直接插在上面，高度不可调。

② 立杆可调座

由 150mm×150mm×8mm 钢板和中心焊接螺杆并配手柄螺母制成，有可调范围分别为 300mm、450mm 和 600mm 三种规格。

③ 立杆粗细调座

基本上同立杆可调座，只是可调方式不同，由 150mm×150mm×8mm 钢板、立杆管、螺管、手柄螺母等制成，只有 0.60m 一种规格。

（2）辅助构件

用于作业面及附壁拉结等的杆部件，按其用途可分成 3 类。

1）用于作业面的辅助构件

① 间横杆

为满足其他普通钢脚手板和木脚手板的需要而设计的构件，由 $\phi 48 \times 35$、Q235 钢管两端焊接"∩"形钢板制成，可搭设于主架横杆之间的任意部位，用以减小支承间距或支撑挑头脚手板。有 0.9m、1.2m、（1.2＋0.3）m 和（1.2＋0.6）m 四种规格。

② 脚手板

配套设计的脚手板由 2mm 厚钢板制成，宽度为 270mm，其面板上冲有防滑孔，两端焊有挂钩，可牢靠地挂在横杆上，不会滑动。有 1.2m、1.5m 和 1.8m 三种规格。

③ 斜道板

用于搭设车辆及行人栈道，只有一种规格，坡度为 1：3，由 2mm 厚钢板制成，宽度为 540mm，长度为 1897mm，上面焊有防滑条。

④ 挡脚板

挡脚板可设在作业层外侧边缘相邻两立杆间，以防止作业人员踏出脚手架。用 2mm 厚钢板制成。有 1.2m、1.5m、1.8m 三种规格。

⑤ 挑梁

为扩展作业平台而设计的构件，有窄挑梁和宽挑梁。窄挑梁由一端焊有横杆接头的钢管制成，悬挑宽度为 0.3m，可在需要位置与碗扣接头连接。宽挑梁由水平杆、斜杆、垂直杆组成，悬挑宽度为 0.6m，也是用碗扣接头同脚手架连成一整体，其外侧垂直杆上可再接立杆。

⑥ 架梯

用于作业人员上下脚手架通道，由钢踏步板焊在槽钢上制成，两端有挂钩，可牢固地挂在横杆上，有一种规格（JT-255）。其长度为 2546mm，宽度为 540mm，可在 1.8m×1.8m 框架内架设。普通 1.2m 廊道宽的脚手架刚好装两组，可成折线上升，并可用斜杆、横杆作栏杆扶手。

2）用于连接的辅助构件

① 立杆连接销

立杆之间连接的销定构件，为弹簧钢销扣结构，由 ϕ10mm

钢筋制成，有一种规格（LLX）。

② 直角撑

为连接两交叉的脚手架而设计的构件，由 $\phi 48 \times 3.5$、Q235钢管一端焊接横杆接头，另一端焊接"∩"形卡制成，有一种规格（ZJC）。

③ 连墙撑

连墙撑是使脚手架与建筑物的墙体结构等牢固连接，加强脚手架抵御风荷载及其他水平荷载的能力，防止脚手架倒塌且增强稳定承载力的构件。为便于施工，分别设计了碗扣式连墙撑和扣件式连墙撑两种形式。其中碗扣式连墙撑可直接用碗扣接头同脚手架连在一起，受力性能好；扣件式连墙撑是用钢管和扣件同脚手架相连，位置可随意设置，不受碗扣接头位置的限制，使用方便。

④ 高层卸荷拉结杆

高层脚手架卸荷专用构件，由预埋件、拉杆、索具螺旋扣、管卡等组成，其一端用预埋件固定在建筑物上，另一端用管卡同脚手架立杆连接，通过调节中间的索具螺旋扣，把脚手架吊在建筑物上，达到卸荷目的。

3）其他用途辅助构件

① 立杆托撑

插入顶杆上端，用作支撑架顶托，以支撑横梁等承载物。由"∪"形钢板焊接连接管制成，有一种规格（LTC）。

② 立杆可调托撑

作用同立杆托撑，只是长度可调，有一种规格长 0.6m，可调范围为 0～600mm。

③ 横托撑

用作重载支撑架横向限位，或墙模板的侧向支撑构件。由 $\phi 48 \times 3.5$、Q235钢管焊接横杆接头，并装配托撑组成，可直接用碗口接头同支撑架连在一起，有一种规格（HTC），长度为400mm，也可根据需要加工。

④ 可调横托撑

把横托撑中的托撑换成可调托撑（或可调底座）即成可调横托撑，可调范围为0～300mm，有一种规格（KHC-30）。

⑤ 安全网支架

固定于脚手架上，用以绑扎安全网的构件。由拉杆和撑杆组成，可直接用碗扣接头连接固定，有一种规格（AWJ）。

(3) 专用构件

用作专门用途的构件，共有4类。

1) 支撑柱专用构件

由0.3m长横杆和立杆、顶杆连接组成支撑柱，作为承重构杆单独使用或组成支撑柱群。为此，设计了支撑柱垫座、支撑柱转角座和支撑柱可调座等专用构件。

① 支撑柱垫座

安装于支撑柱底部，均匀传递其荷载的垫座。由底板、筋板和焊于底板上的四个柱销制成，可同时插入支撑柱的四个立杆内，从而增强支撑柱的整体受力性能。

② 支撑柱转角座

作用同支撑柱垫座，但可以转动，使支撑柱不仅可用作垂直方向支撑，而且可以用作斜向支撑。其可调偏角为±10°。

③ 支撑柱可调座

对支撑柱底部和顶部均适用，安装于底部作用同支撑柱垫座，但高度可调，可调范围为0～300mm；安装于顶部即为可调托撑，同立杆可调托撑不同的是，它作为一个构件需要同时插入支撑柱4根立杆内，使支撑柱成为一体。

2) 提升滑轮

为提升小物料而设计的构件，与宽挑梁配套使用。由吊柱、吊架和滑轮等组成，其中吊柱可直接插入宽挑梁的垂直杆中固定，有一种规格（THL）。

3) 悬挑架

为悬挑脚手架专门设计的一种构件，由挑杆和撑杆等组成。

挑杆和撑杆用碗扣接头固定在楼内支承架上，可直接从楼内挑出。在其上搭设脚手架，不需要埋设预埋件。挑出脚手架宽度设计为0.9m。

4）爬升挑梁

为爬升脚手架而设计的一种专用构件，可用它作依托，在其上搭设悬空脚手架，并随建筑物升高而爬升。由$\phi 48 \times 3.5$、Q235钢管、挂销、可调底座等组成，爬升脚手架宽度为0.9m。

3. 构配件材料的质量要求

碗扣式钢管脚手架的杆件，均采用Q235A钢制作的$\phi 48$mm钢管，在立杆上每隔600mm安装一套碗扣接头，下碗扣焊在钢管上，上碗扣套在钢管上。横杆和斜杆两端的接头等均采用焊接工艺。其构配件材料的质量应符合现行国家标准的有关规定。

钢管应符合《直缝电焊钢管》GB/T 13793或《低压流体输送用焊接钢管》GB/T 3091中的Q235A级普通钢管，其材质性能应符合《碳素结构钢》GB/T 700的规定。

上碗扣、可调底座及可调托撑螺母应采用可锻铸铁或铸钢制造，其材料机械性能应符合《可锻铸铁件》GB 9440中KTH330-08及《一般工程用铸造碳钢件》GB/T 11352中ZG270-500的规定。

下碗扣、横杆接头、斜杆接头应采用碳素铸钢制造，其材料机械性能应符合《一般工程用铸造碳钢件》GB/T 11352中ZG230-450的规定。

采用钢板热冲压整体成形的下碗扣，钢板应符合《碳素结构钢》GB/T 700标准中Q235A级钢的要求，板材厚度不得小于6mm，并经600～650℃的时效处理。严禁利用废旧锈蚀钢板改制。

构配件的外观质量要求应满足以下要求：

（1）钢管应平直光滑、无裂纹、无锈蚀、无分层、无结疤、无毛刺等，不得采用横断面接长的钢管。

（2）铸造件表面应光整，不得有砂眼、缩孔、裂纹、浇冒口残余等缺陷，表面粘砂应清除干净。

（3）冲压件不得有毛刺、裂纹、氧化皮等缺陷。

（4）焊接质量要求焊缝应饱满，焊药应清除干净，不得有未焊透、夹砂、咬肉、裂纹等缺陷。

（5）构配件防锈漆涂层应均匀，附着应牢固。

（6）主要构配件上的生产厂标识应清晰。

（7）可调配件的螺纹部分应完好、无滑丝、无严重锈蚀，焊缝无脱开等。

（8）脚手板、斜脚手板以及梯子等构件的挂钩及面板应无裂纹，无明显变形，焊接应牢固。

另外，主要构配件的制作质量和形位公差要求，应符合规范规定。其他材料的质量要求同扣件式钢管脚手架。

（二）碗扣式钢管脚手架搭设

1. 组合类型与适用范围

碗扣式钢管脚手架可方便地搭设单、双排外脚手架，拼拆快速，特别适合于搭设曲面脚手架和高层脚手架。

双排碗扣式钢管脚手架，一般立杆横距（即脚手架廊道宽度）1.2m，步距1.8m，立杆纵距根据建筑物结构、脚手架搭设高度及荷载等具体要求确定，可选用0.9m、1.2m、1.5m、1.8m和2.4m等多种尺寸。按施工作业要求与施工荷载的不同，可组合成轻型架、普通型架和重型架三种形式，它们的组架构造尺寸及适用范围见表4-2。

碗扣式双排钢管脚手架组合形式　　　　表 4-2

脚手架形式	立杆横距（m）×立杆纵距（m）×横杆步距（m）	适用范围
轻型架	1.2×2.4×1.8	装修、维护等作业
普通型架	1.2×1.5(或1.8)×1.8	砌墙、模板工程等结构施工，最常用
重型架	1.2×0.9(或1.2)×1.8	重载作业或高层外脚手架中的底部架

对于高层脚手架，为了提高其承载能力和搭设高度，可以采取上、下分段，每段立杆纵距不等的组架方式，如图 4-4 所示。下段立杆纵距用 0.9m 或 1.2m，上段用 1.8m 或 2.4m。即每隔一根立杆取消一根，用 1.8m 或 2.4m 的横杆取代 0.9m 或 1.2m 横杆。

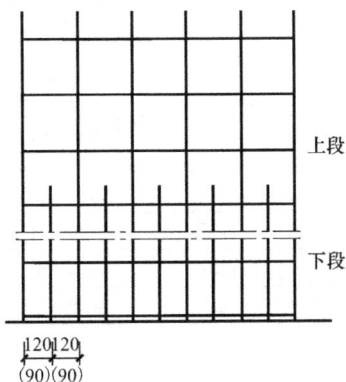

图 4-4　分段组架布置

单排碗扣式钢管脚手架单排横杆长度有 1.4m（DHG-140）和 1.8m（DHF180）两种，立杆与建筑物墙体之间的距离可根据施工具体要求在 0.7～1.5m 范围内调节。脚手架步距一般取 1.8m，立杆纵距则根据荷载选取。

单排碗扣式钢管脚手架按作业顶层荷载要求，可组合成 Ⅰ、Ⅱ、Ⅲ 三种形式，它们的组架构造尺寸及适用范围见表 4-3。

碗扣式单排钢管脚手架组合形式　　　　表 4-3

脚手架形式	立杆纵距（m）×横杆步距（m）	适用范围
Ⅰ型架	1.8×0.8	一般外装修、维护等作业
Ⅱ型架	1.2×1.2	一般施工
Ⅲ型架	0.9×1.2	重载施工

2. 主要尺寸及一般规定

为确保施工安全，对落地碗扣式钢管脚手架的搭设尺寸作了一般规定与限制，见表 4-4。

碗扣式钢管管脚手架搭设一般规定　　　　表 4-4

序号	项目名称	规定内容
1	架设高度 H	$H \leqslant 24m$ 普通架子按常规搭设； $H > 24m$ 的脚手架必须作出专项施工方案并进行结构验算
2	荷载限制	砌筑脚手架 $\leqslant 3.0kN/m^2$；装修架子为 $2.0kN/m^2$
3	基础做法	基础应平整、夯实，并有排水措施。立杆应设有底座，并用 $0.05m \times 0.2m \times 2m$ 的木脚手板通垫 $H > 40m$ 的架子应进行基础验算并确定铺垫措施
4	立杆纵距	一般为 $1.2 \sim 1.5m$，超过此值应进行验证
5	立杆横距	$\leqslant 1.2m$
6	步距高度	砌筑架子 $< 1.2m$；装修架子 $< 1.8m$
7	立杆垂直偏差	$H \leqslant 30m$ 时，$\leqslant 1/500$ 架高；$H > 30m$ 时，$\leqslant 1/1000$ 架高
8	小横杆间距	砌筑架子 $< 1m$；装修架子 $< 1.5m$
9	架高范围内垂直作业的要求	铺设板不超过 $3 \sim 4$ 层，砌筑作业不超过 1 层，装修作业不超过 2 层
10	作业完毕后，横杆保留程度	靠立杆处的横向水平杆全部保留，其余可拆除
11	剪刀撑	沿脚手架转角处往里布置，每 $4 \sim 6$ 根为一组，与地面夹角为 $45° \sim 60°$
12	与结构拉结	每层设置，垂直间距 $< 4.0m$，水平间距 $< 4.0 \sim 6.0m$
13	垂直斜拉杆	在转角处向两端布置 $1 \sim 2$ 个廓间
14	护身栏杆	$H = 1m$，并设 $h = 0.25m$ 的挡脚板
15	连接件	凡 $H > 30m$ 的高层架子，下部 $1/2H$ 均用齿形碗扣

注：1. 脚手架的宽度 l_0 一般取 $1.2m$；跨度 l 常用 $1.5m$；架高 $H \leqslant 20m$ 的装修脚手架，l 亦可取 $1.8m$；$H > 40m$ 时，l 宜取 $1.2m$。

2. 搭设高度 H 与主杆纵横间距有关：当立杆纵向、横向间距为 $1.2m \times 1.2m$ 时，架高 H 应控制在 $60m$ 左右；$1.5m \times 1.2m$ 时，架高 H 不宜超过 $50m$。

3. 组架构造与搭设

碗扣式钢管脚手架应从中间向两边搭设，或两层同时按同一方向进行搭设，不得采用两边向中间合拢的方法搭设。否则中间的杆件会因为误差而难以安装。

双排脚手架的搭设顺序为：

安放立杆底座或立杆可调底座→竖立杆、安放扫地杆→安装底层（第一步）横杆→安装斜杆→接头销紧→铺放脚手板→安装上层立杆→紧立杆连接销→安装横杆→设置连墙件→设置人行梯→设置剪刀撑→挂设安全网。

（1）竖立杆、安放扫地杆

根据脚手架施工方案处理好地基后，在立杆的设计位置放线，即可安放立杆垫座或可调底座，并竖立杆。

为避免立杆接头处于同一水平面上，在平整的地基上脚手架底层的立杆应选用 3.0m 和 1.8m 两种不同长度的立杆互相交错、参差布置。以后在同一层中采用相同长度的同一规格的立杆接长。到架子顶部时再分别用 1.8m 和 3.0m 两种不同长度的立杆找齐。

在地势不平的地基上，或者是高层及重载脚手架应采用立杆可调底座，以便调整立杆的高度。当相邻立杆地基高差小于 0.6m，可直接用立杆可调座调整立杆高度，使立杆处于同一水平面内；当相邻立杆地基高差大于 0.6m 时，则先调整立杆节间（即对于高差超过 0.6m 的地基，立杆相应增长一个节间（0.60m）），使同一层高差小于 0.6m，再用立杆可调座调整高度，使其处于同一水平面内（图 4-5）。

在竖立杆时应及时设置扫地杆，将所竖立杆连成一整体，以保证立杆的整体稳定性。立杆同横杆的连接是靠碗扣节点锁定，连接时，先将立杆上碗扣滑至限位销以上并旋转，使其搁在限位销上，将横杆接头插入立杆下碗扣，待应装横杆接头全部装好后，落下上碗扣并予以顺时针旋转锁紧。

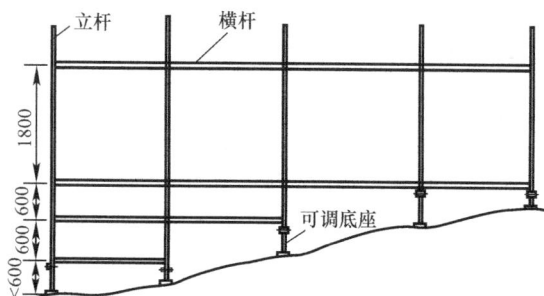

图 4-5　地基不平时立杆及其底座的设置

底部纵、横向横杆作为扫地杆，距地面高度应小于或等于 350mm，严禁施工中拆除。

（2）安装底层（第一步）横杆

碗扣式钢管脚手架的步距为 600mm 的倍数，一般采用 1.8m，只有在荷载较大或较小的情况下，才采用 1.2m 或 2.4m。

横杆与立杆的连接安装方法同上。

单排碗扣式脚手架的单排横杆一端焊有横杆接头，可用碗扣接头与脚手架连接固定，另一端带有活动夹板，将横杆与建筑结构整体夹紧。构造如图 4-6 所示。

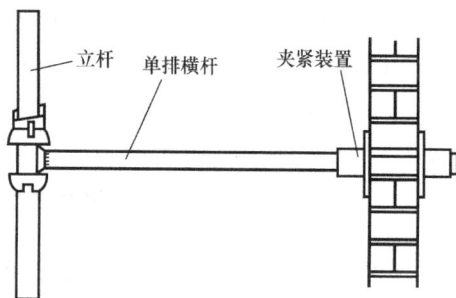

图 4-6　单排横杆设置构造

碗扣式钢管脚手架的底层组架最为关键，其组装的质量直接影响到整架的质量，因此，要严格控制搭设质量。当组装完两层横杆（即安装完第一步横杆）后，应进行下列检查：

1）检查并调整水平框架（同一水平面上的四根横杆）的直角度和纵向直线度（对曲线布置的脚手架应保证立杆的正确位置）。直线度偏差应小于 $L/200$。

2）检查横杆的水平度，并通过调整立杆可调座使横杆间的水平偏差小于 $1/400L$。

3）逐个检查立杆底脚，并确保所有立杆不能有浮地松动现象。

4）当底层架子符合搭设要求后，检查所有碗扣接头，并予以锁紧。

在搭设过程中，应随时注意检查上述内容，并调整。

（3）安装斜杆和剪刀撑

斜杆可增强脚手架结构的整体刚度，提高其稳定承载能力。可采用碗扣式钢管脚手架配套的系列斜杆，也可以用钢管和扣件代替。

当采用碗扣式系列斜杆时，斜杆同立杆连接的节点可装成节点斜杆（即斜杆接头同横杆接头装在同一碗扣节点内）或非节点斜杆（即斜杆接头同横杆接头不装在同一碗扣节点内）。一般斜杆应尽可能设置在框架节点上。若斜杆不能设置在节点上时，应呈错节布置，装成非节点斜杆，如图 4-7 所示。

利用钢管和扣件安装斜杆时，斜杆的设置更加灵活，可不受碗扣接头内允许装设杆件数量的限制。特别是设置大剪刀撑，包括安装竖向剪刀撑、纵向水平剪刀撑时，还能使脚手架的受力性能得到改善。

1）横向斜杆（廊道斜杆）

在脚手架横向框架内设置的斜杆称为横向斜杆（廊道斜杆）。由于横向框架失稳是脚手架的主要破坏形式，因此，设置横向斜杆对于提高脚手架的稳定强度尤为重要。

对于一字形及开口形脚手架，应在两端横向框架内沿全高连续设置节点斜杆；高度 30m 以下的脚手架，中间可不设横向斜杆；30m 以上的脚手架，中间应每隔 5～6 跨设一道沿全高连续设置的横向斜杆；高层建筑脚手架和重载脚手架，除按上述构造要求设置横向斜杆外，荷载≥25kN 的横向平面框架应增设横向斜杆。

用碗扣式斜杆设置横向斜杆时，在脚手架的两端框架可设置节点斜杆（图 4-8a），中间框架只能设置成非节点斜杆（图 4-8b）。

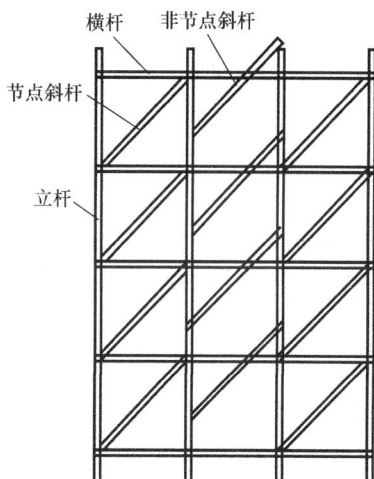

图 4-7　斜杆布置构造图

图 4-8　横向斜杆的设置

当设置高层卸荷拉结杆时，必须在拉结点以上第一层加设横向水平斜杆，以防止水平框架变形。

2）纵向斜杆（专用外斜杆）

双排脚手架专用外斜杆应设置在有纵、横向横杆的碗扣节点上。

在封圈的脚手架拐角边缘及一字形脚手架端部，必须设置竖向通高斜杆。脚手架高度小于或等于 24m 时，每隔 5 跨设置一组竖向通高斜杆；脚手架高度大于 24m 时，每隔 3 跨设置一组竖向通高斜杆（如图 4-9 所示）。纵向斜杆必须对称布置。当斜杆临时拆除时，拆除前应在相邻立杆间设置相同数量的斜杆。

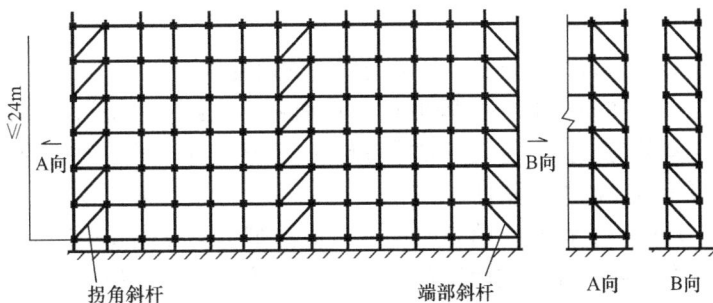

图 4-9　专用外斜杆设置示意

当采用钢管扣件做斜杆时应符合下列规定：

① 斜杆应每步与立杆扣接，扣接点距碗扣节点的距离宜≤150mm；当出现不能与立杆扣接的情况时亦可采取与横杆扣接，扣件拧紧力矩为 40～65N·m。

② 纵向斜杆应在全高方向设置成八字形且内外对称，斜杆间距不应大于 2 跨（如图 4-10 所示）。

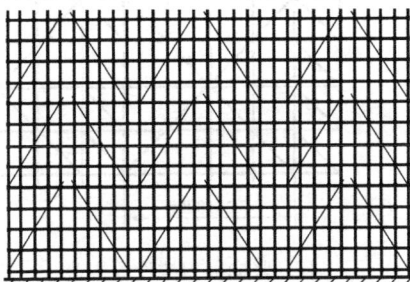

图 4-10　钢管扣件作斜杆设置图

脚手架中设置纵向斜杆的面积与整个架子面积的比值要求见下表：

纵向斜杆布置数量　　　　　　　　　　　　　　表 4-5

架高	＜30m	30～50m	＞50m
设置要求	＞1/4	＞1/3	＞1/2

157

3）竖向剪刀撑

竖向剪刀撑的设置应与纵向斜杆的设置相配合。

高度在 30m 以下的脚手架，可每隔 4～6 跨设一道沿全高连续设置的剪刀撑，每道剪刀撑跨越 5～7 根立杆，设剪刀撑的跨内可不再设碗扣式斜杆。

30m 以上的高层建筑脚手架，应沿脚手架外侧及全高方向连续布置剪刀撑，在两道剪刀撑之间设碗扣式纵向斜杆，其设置构造如图 4-11 所示。

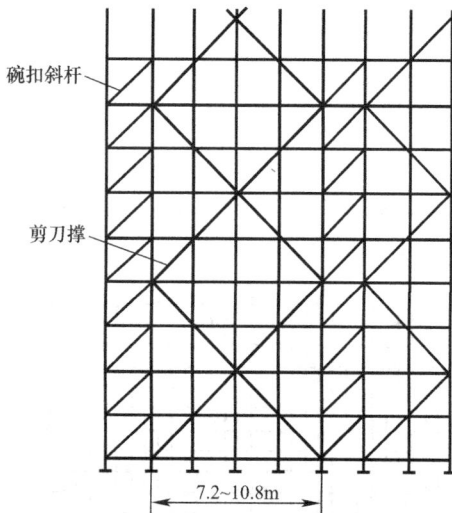

图 4-11　竖向剪刀撑设置构造

4）纵向水平剪刀撑

纵向水平剪刀撑可增强水平框架的整体性和均匀传递连墙撑的作用。30m 以上的高层建筑脚手架应每隔 3～5 步架设一层连续、闭合的纵向水平剪刀撑，如图 4-12 所示。

（4）设置连墙件（连墙撑）

连墙撑是脚手架与建筑物之间的连接件，除防止脚手架倾倒，承受偏心荷载和水平荷载作用外，还可加强稳定约束、提

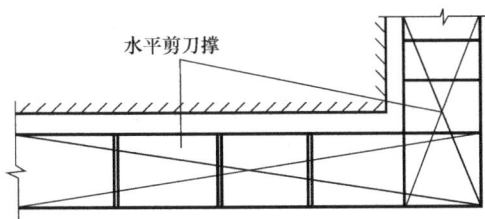

图 4-12　纵向水平剪刀撑布置

高脚手架的稳定承载能力。

1）连墙件构造

连墙件的构造有以下 3 种：

① 砖墙缝固定法

砌筑砖墙时，预先在砖缝内埋入螺栓，然后将脚手架框架用连结杆与其相连（图 4-13a）。

② 混凝土墙体固定法

按脚手架施工方案的要求，预先埋入钢件，外带接头螺栓，脚手架搭到此高度时，将脚手架框架与接头螺栓固定（图 4-13b）。

③ 膨胀螺栓固定法

在结构物上，按设计位置用射枪射入膨胀螺栓，然后将框架与膨胀螺栓固定（图 4-13c）。

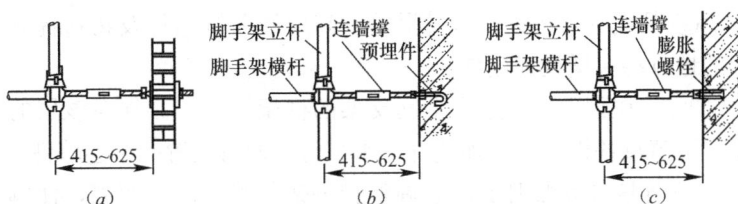

图 4-13　连墙件构造

2）连墙件设置要求

① 连墙件必须随脚手架的升高，在规定的位置上及时设置，不得在脚手架搭设完后补安装，也不得任意拆除。

② 连墙件应呈水平设置，当不能呈水平设置时，与脚手架连接的那一端应下斜连接。

③ 在建筑物的每一楼层都必须设置连墙件。每层连墙件应在同一平面，其位置应由建筑结构和风荷载计算确定，且水平间距应不大于 4.5m。

④ 连墙件应设置在有横向横杆的碗扣节点处，同脚手架、墙体保持垂直。偏角范围小于或等于 15°。当采用钢管扣件做连墙件时，连墙件应采用直角扣件与立杆连接，连接点距离应小于或等于 150mm。

⑤ 连墙杆应采用可承受拉、压荷载的刚性结构。连接应牢固可靠。

⑥ 连墙件的布置尽量采用梅花形布置，相邻两点的垂直间距小于或等于 4.0m，水平距离小于或等于 4.5m。

⑦ 当脚手架高度超过 24m 时，顶部 24m 以下所有的连墙杆层必须设置水平斜杆。水平斜杆应设置在纵向横杆之下。

⑧ 一般情况下，对于高度在 30m 以下的脚手架，连墙件可按四跨三步设置一个（约 40m²）。对于高层及重载脚手架，则要适当加密，50m 以下的脚手架至少应三跨三步布置一个（约 25m²）；50m 以上的脚手架至少应三跨二步布置一个（约 20m²）。单排脚手架要求在二跨三步范围内设置一个。

⑨ 凡设置宽挑梁、提升滑轮、高层卸荷拉结杆及物料提升架的地方均应增设连墙件。

⑩ 凡在脚手架设置安全网支架的框架层处，必须在该层的上、下节点各设置一个连墙件，水平每隔两跨设置一个连墙件。

⑪ 连墙件安装时要注意调整脚手架与墙体间的距离，使脚手架保持垂直，严禁向外倾斜。

(5) 脚手板安放

脚手板可以使用碗扣式脚手架配套设计的钢制脚手板，也可使用其他普通脚手板。

配套的钢脚手板必须有挂钩，并带有自锁装置。脚手板两端的挂钩必须完全落入横杆上锁紧，才能牢固地挂在横杆上，严禁浮放。

当脚手板使用普通的冲压钢板脚手板、木脚手板、竹串片脚手板，横杆应配合间横杆一块使用，即在未处于构架横杆上的脚手板端加设间横杆作支撑，两端必须与脚手架横杆连接牢靠，以减少前后窜动。脚手板探头长度应小于或等于150mm。

作业层的脚手板必须铺满、铺实，外侧应设180mm挡脚板及1.2m高两道防护栏杆，即在立杆的0.6m和1.2m的碗扣接头处搭设两道。作业层下的水平安全网应符合现行行业标准《建筑施工安全检查标准》JGJ 59的规定。

除在作业层及其下面一层要满铺脚手板外，还必须沿高度每10m设置一层，以防止高空坠物伤人和砸碰脚手架框架。当架设梯子时，在每一层架梯拐角处铺设脚手板作为休息平台。

（6）接立杆

立杆的接长是靠焊于立杆顶部的连接管承插而成。立杆插好后，使上部立杆底端连接孔同下部立杆顶部连接孔对齐，插入立杆连接销锁定即可。

安装横杆、斜杆和剪刀撑，重复以上操作，并随时检查、调整脚手架的垂直度。

脚手架的垂直度一般通过调整底部的可调底座、垫薄钢片、调整连墙件的长度等来实现。

（7）人行通道和人行架梯安装

1）人行通道安装

作为行人或小车推行的栈道，一般规定在1.8m跨距的脚手架上使用，坡度为小于或等于1：3，在斜道板框架两侧设置横杆和斜杆作为扶手和护栏，而在斜脚手板的挂钩点（图中A、B、C、D处）必须增设横杆，通道可折线上升。其布置如图4-14所示。

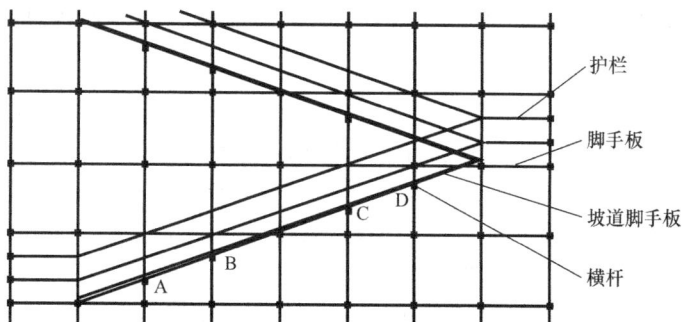

图 4-14　人行通道设置

2）人行架梯安装

人行架梯设在 1.8m×1.8m 的框架内，上面有挂钩，可以直接挂在横杆上。

架梯宽为 540mm，一般在 1.2m 宽的脚手架内布置两个成折线形架设上升，在脚手架靠梯子一侧安装斜杆和横杆作为扶手。人行架梯转角处的水平框架上应铺脚手板作为平台，立面框架上安装横杆作为扶手，如图 4-15 所示。

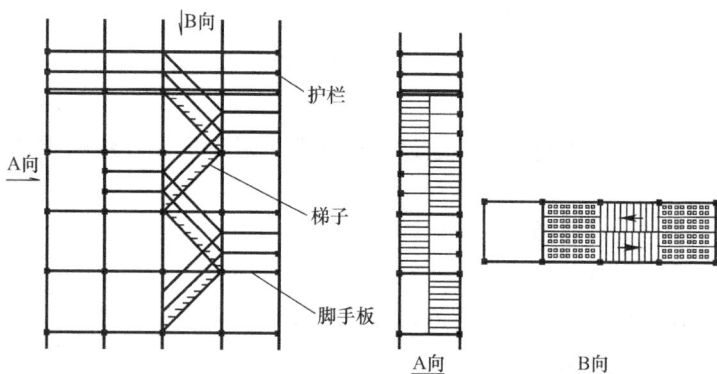

图 4-15　人行梯架设置示意

（8）挑梁和简易爬梯的设置

脚手架内立杆与建筑物距离应小于或等于 150mm，当该距

162

离大于 150mm 时，或者当遇到某些建筑物有倾斜或凹进凸出时，按脚手架离建筑物间距及荷载选择在脚手架内侧或外侧按需要分别选用窄挑梁或宽挑梁设置作业平台。

窄挑梁上可铺设一块脚手板；宽挑梁上可铺设两块脚手板，其外侧立柱可用立杆接长，并通过横杆与脚手架连接，以便装防护栏杆和安全网。

挑梁只作为作业人员的工作平台，严禁堆放物料。在一跨挑梁范围内不得超过一名施工人员操作。

在设置挑梁的上、下两层框架的横杆层上要加设连墙撑，如图 4-16 所示。挑梁应单层挑出，严禁增加层数。

把窄挑梁连续设置在同一立杆内侧每个碗扣接头内，可组成简易爬梯，爬梯步距为 0.6m，设置时在立杆左右两跨内要增护栏杆和安全网等安全防护设施，以确保人员上下安全。

(9) 提升滑轮设置

随着建筑物的逐渐升高，不方便运料时，可采用物料提升滑轮来提升小物料及脚手架物件，其提升重量应不超过 100kg。提升滑轮要与宽挑梁配套使用。使用时，将滑轮插入宽挑梁垂直杆下端的固定孔中，并用销钉锁定即可。其构造如图 4-17 所示。在设置提升滑轮的相应层加设连墙撑。

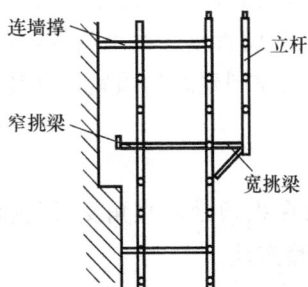

图 4-16　挑梁设置构造　　　图 4-17　提升滑轮布置构造

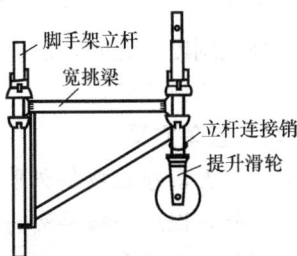

(10) 安全网、扶手防护设置

一般沿脚手架外侧要满挂封闭式安全网（立网），并应与脚手架立杆、横杆绑扎牢固，绑扎间距应不大于 0.3m。根据规定在脚手架底部和层间设置水平安全网。碗扣式脚手架配备有安全网支架，可直接用碗扣接头固定在脚手架上，安装极方便。其结构布置如图 4-18 所示。扶手设置参考扣件式脚手架。

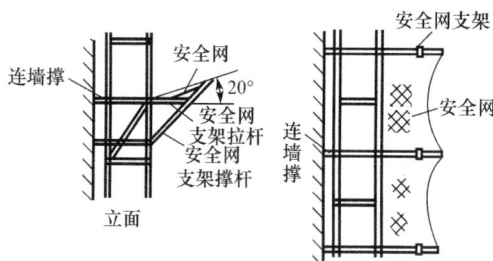

图 4-18　挑出安全网布置

（11）高层卸荷拉结杆设置

高层卸荷拉结杆主要是为减轻脚手架荷载而设计的一种构件，其设置依脚手架高度和荷载而定，一般每 30m 高度卸荷一次。但总高度在 50m 以下的脚手架可不用卸荷。

卸荷层应将拉结杆同每一根立杆连接卸荷，设置时，将拉结杆一端用预埋件固定在墙体上，另一端固定在脚手架横杆层下碗扣底下，中间用索具螺旋调节拉力，以达到悬吊卸荷目的，其构造形式如图 4-19 所示。卸荷层要设置水平廊道斜杆，以增强水平框架刚度。此外，还应用横托撑同建筑物顶紧，且其上、下两层均应增设连墙撑。

（12）直角交叉

对一般方形建筑物的外脚手架在拐角处两直角交叉的排架要连在一起，以增强脚手架的整体稳定性。

连接形式有两种：一种是直接拼接法，即当两排脚手架刚好整框垂直相交时，可直接将两垂直方向的横杆连接在一碗扣节点内，从而将两排脚手架连在一起，构造如图 4-20（a）所示；另一种是直角撑搭接法，当受建筑物尺寸限制，两垂直方向脚

164

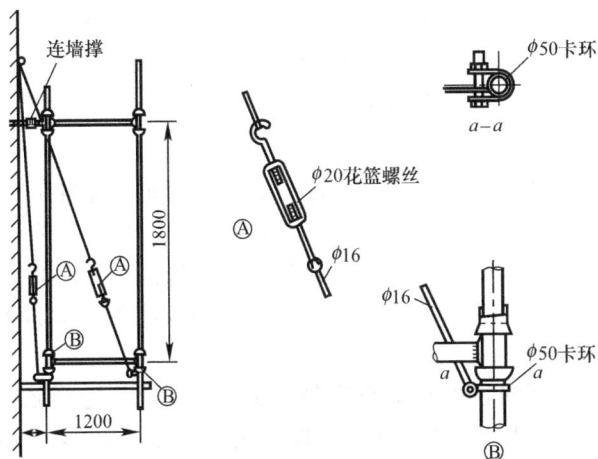

图 4-19　卸荷拉结杆布置

手架非整框垂直相交时，可用直角撑实现任意部位的直角交叉。连接时将一端同脚手架横杆装在同一接头内，另一端卡在相垂直的脚手架横杆上，如图 4-20（b）所示。

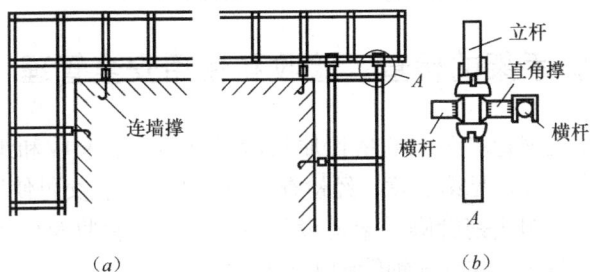

（a）　　　　　　　　　　　　　（b）

图 4-20　直角交叉构造

（a）直接拼接；（b）直角撑搭接

（13）曲线布置

同一碗扣节点内，横杆接头可以插在下碗扣的任意位置，即横杆方向任意。因此，可进行曲线布置。

双排碗扣式脚手架两横杆轴线最小夹角为 75°，内、外排用同样长度的横杆可以实现 0°~15° 的转角。转角相同时，不同长度的横杆所组成的曲线脚手架曲率半径也不同。内、外排用不同长度的横杆可以装成不同长度、不同曲率半径的曲线脚手架。曲率半径应大于 2.4m。

单排碗扣式脚手架最易进行曲线布置，横杆转角在 0°~30° 之间任意设置（即两纵向横杆之间的夹角为 150°~180°），特别适用于烟囱、水塔、桥墩等圆形构筑物。当进行圆曲线布置时，两纵向横杆之间的夹角最小为 150°，故搭设成的圆形脚手架最少为十二边形。

实际布架时，可根据曲线曲率及荷载要求，选择弦长（即纵向横杆长）和弦切角 θ（即横杆转角）。曲线脚手架的斜杆应用碗扣式斜杆，其设置密度应不小于整架的 1/4。对于截面沿高度变化的建筑物，可以用不同单排横杆以适应立杆至墙间距离的变化，其中 1.4m 单横杆，立杆至墙间距离由 0.7~1.1m 可调；1.8m 的单排横杆，立杆至墙间距离由 1.1~1.5m 可调。当这两种单排横杆不能满足要求时，可以增加其他任意长度的单排横杆，其长度可按两端铰接的简支梁计算设计。

（三）脚手架的检查、验收和使用安全管理

碗扣式钢管脚手架的搭设质量阶段性检查、验收和维护内容，验收文件，见第二章。经检查合格者方可验收交付使用。

落地碗扣式钢管脚手架搭设质量的检查、验收及使用安全管理，参照落地扣件式钢管脚手架相关规定。

碗扣式钢管脚手架使用期间，严禁擅自拆除架体结构杆件，如需拆除必须经修改施工方案并报请原方案审批人批准，确定补救措施后方可实施。

（四）碗扣式钢管脚手架的拆除、保管和整修保养

碗扣式钢管脚手架的拆除安全技术要求同扣件式钢管脚

手架。

连墙件必须在双排脚手架拆到该层时方可拆除，严禁提前拆除。

脚手架采取分段、分立面拆除时，必须事先确定分界处的技术处理方案。

拆下的脚手架杆、配件，应及时检验、整修和保养，并按品种、规格、分类堆放，以便运输保管。

五、门式钢管外脚手架

门式钢管外脚手架也称门型脚手架，属于框组式钢管脚手架的一种，是在 20 世纪 80 年代初由国外引进的一种多功能脚手架，是目前国际上应用最为普遍的脚手架之一。它可用来搭设各种用途的施工作业架子，如外脚手架、里脚手架、活动工作台、满堂脚手架、梁板模板的支撑和其他承重支撑架、临时看台和观礼台、临时仓库和工棚以及其他用途的作业架子。

门式钢管外脚手架的搭设高度，当两层同时作业的施工总荷载不超过 $3kN/m^2$ 时，可以搭设 60m 高；当为 $3\sim5kN/m^2$ 时，则限制在 45m 以下。

（一）主要杆配件材质规格

门式钢管外脚手架是由门式框架（门架）、交叉支撑（十字拉杆）、连接棒、挂扣式脚手板、锁臂等组成基本结构（如图 5-1 所示），再设置水平加固杆、剪刀撑、扫地杆、封口杆、托座与底座，并采用连墙件与建筑物主体结构相连的一种标准化钢管脚手架。如图 5-2 所示。

门架之间的连接，在垂直方向使用连接棒和锁臂接

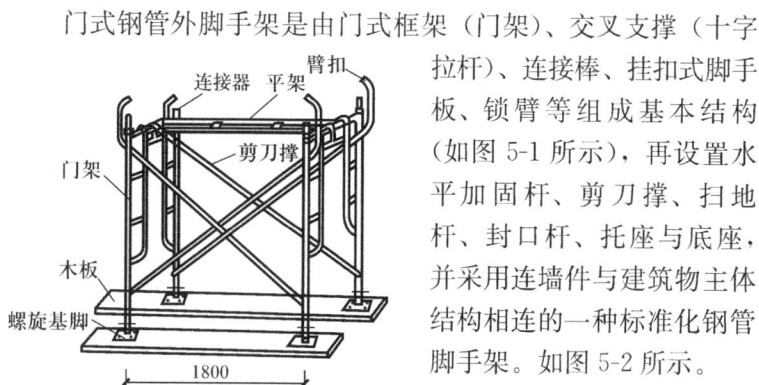

图 5-1　门式钢管外脚手架的
基本组合单元

高，在脚手架纵向使用交叉支撑连接门架立杆，在架顶水平面使用水平架或挂扣式脚手板。这些基本单元相互连接，逐层叠

高，左右伸展，再设置水平加固件、剪刀撑及连墙件等，便构成整体门式脚手架。

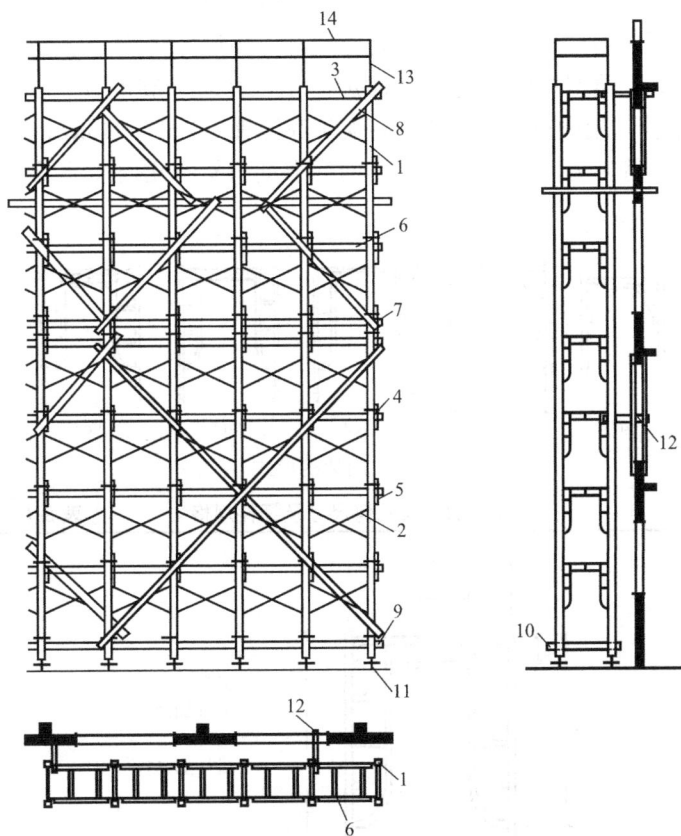

图 5-2 门式钢管脚手架的组成

1—门架；2—交叉支撑；3—脚手板；4—连接棒；5—锁臂；6—水平架；7—水平
加固杆；8—剪刀撑；9—扫地杆；10—封口杆；11—底座；
12—连墙件；13—栏杆；14—扶手

1. 落地门式钢管外脚手架的主要杆配件

门式钢管外脚手架的主要杆配件有：

（1）门架

门式钢管外脚手架的主要构件由立杆、横杆及加强杆焊接组成，有多种不同形式。图 5-3 中带"耳"形加强杆的形式已得到广泛应用，成为门架典型的形式，主要用于构成脚手架的基本单元。典型的标准型门架的宽度为 1.219m，高度有 1.9m 和 1.7m。门架的重量，当使用高强薄壁钢管时为 13～16kg；使用普通钢管时为 20～25kg。典型的标准型门架的几何尺寸及杆件规格见表 5-1。

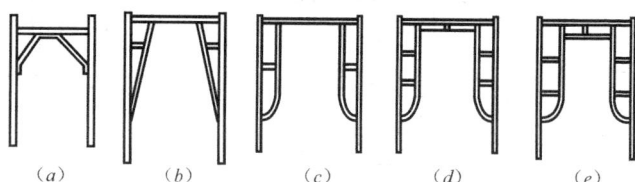

图 5-3　门架的形式

典型的门架几何尺寸及杆件规格　　表 5-1

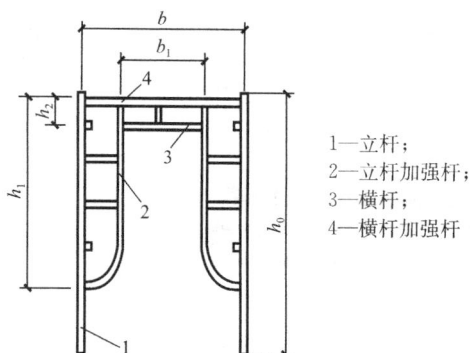

1—立杆；
2—立杆加强杆；
3—横杆；
4—横杆加强杆

门架代号		MF1219	
门架几何尺寸（mm）	h_2	80	100
	h_0	1930	1900
	b	1219	1200
	b_1	750	800
	h_1	1536	1550

门架代号	MF1219	
杆件外径 壁厚（mm） 1	$\phi42.0\times2.5$	$\phi48.0\times3.5$
2	$\phi26.8\times2.5$	$\phi26.8\times2.5$
3	$\phi42.0\times2.5$	$\phi48.0\times3.5$
4	$\phi26.8\times2.5$	$\phi26.8\times2.5$

简易门架的宽度较窄，用于窄脚手板。窄形门架的宽度只有 0.6m 或 0.8m，高度为 1.7m，图 5-4（b），主要用于装修、抹灰等轻作业。

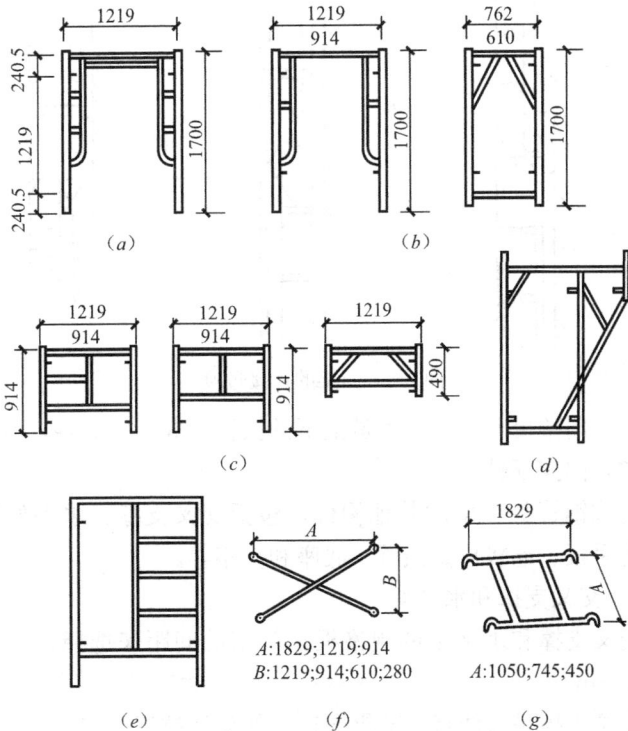

图 5-4　基本单元部件

（a）标准门架；（b）简易门架；（c）调节门架；（d）连接门架；

（e）扶梯门架；（f）交叉支撑；（g）水平架

171

调节门架主要用于调节门架竖向高度,以适应作业层高度变化时的需要。调节门架的宽度和门架相同,高度有 1.5m、1.2m、0.9m、0.6m、0.4m 等几种,它们的形式如图 5-4(c)所示。

连接门架是连接上、下宽度不同门架之间的过渡门架。上窄下宽或上宽下窄,并带有斜支杆的悬臂支撑部分(图 5-4(d))。可以上部宽度与窄形门架相同,下部与标准门架相同;也可以相反,如图 5-5 所示。

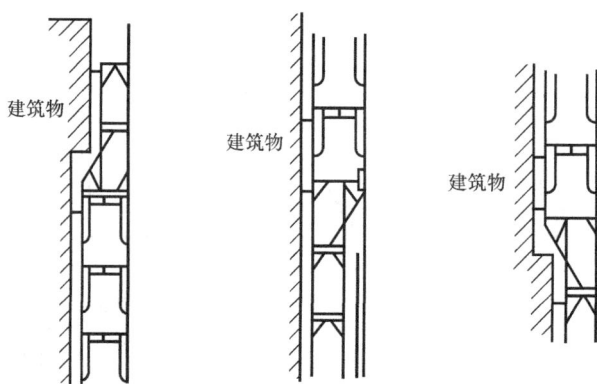

图 5-5 门架的连接过渡

扶梯门架可兼做施工人员上下的扶梯。如图 5-4(e)所示。

(2)门架配件

门式钢管脚手架的其他构件,包括交叉支撑、水平架、挂扣式脚手板、连接棒、锁臂、底座和托座等。

1)交叉支撑和水平架

交叉支撑和水平架的规格根据门架的间距来选择,一般多采用 1.8m。

交叉支撑是每两榀门架纵向连接的交叉拉杆。如图 5-4(f)所示,两根交叉杆件可绕中间连接螺栓转动,杆的两端有销孔。

水平架是在脚手架非作业层上代替脚手板而挂扣在门架横杆上的水平构件。由横杆、短杆和搭钩焊接而成,可与门架横杆自锚连接。其构造如图 5-4（g）所示。

2）底座和托座

① 底座

底部门架立杆下端插放其中，传力给基础，扩大了立杆的底脚。底座有三种，如图 5-6 所示。

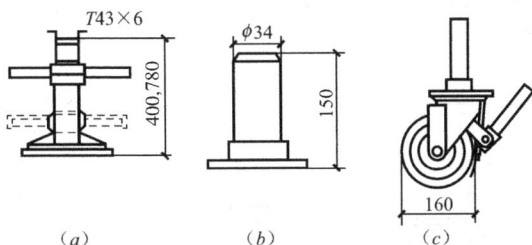

图 5-6　底座

可调底座由螺杆、调节扳手和底板组成。固定底座，并且可以调节脚手架立杆的高度和脚手架整体的水平度、垂直度。可调高 200～550mm，主要用于支模架以适应不同支模高度的需要，脱模时可方便地将架子降下来。用于外脚手架时，能适应不平的地面，可用其将各门架顶部调节到同一水平面上，如图 5-6（a）所示。

简易底座由底板和套管两部分焊接而成，只起支承作用，无调高功能，使用它时要求地面平整，如图 5-6（b）所示。

带脚轮底座多用于操作平台，以满足移动的需要，如图 5-6（c）所示。

② 托座

托座有平板和 U 形两种，置于门架竖杆的上端，多带有丝杠以调节高度，主要用于支模架。如图 5-7所示。

3）其他部件

其他部件有脚手板、梯子、扣

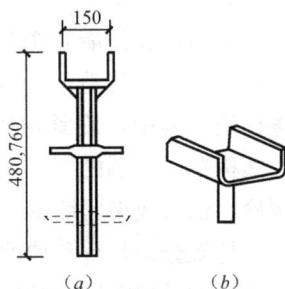

图 5-7　托座

(a) 可调 U 形顶托；

(b) 简易 U 形顶托

墙器、栏杆、连接棒、锁臂和脚手板托架等，如图 5-8 所示。

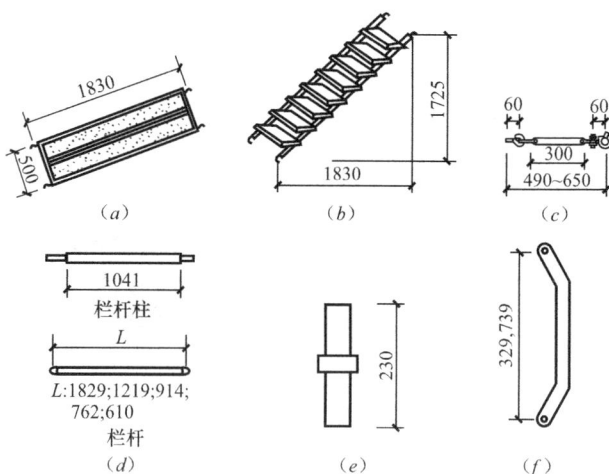

图 5-8　其他部件

(a) 钢脚手板；(b) 梯子；(c) 扣墙管；(d) 栏杆和栏杆柱；(e) 连接棒；(f) 锁臂

挂扣式脚手板一般为钢脚手板，其两端带有挂扣，搁置在门架的横梁上并扣紧。在这种脚手架中，脚手板还是加强脚手架水平刚度的主要构件，脚手架应每隔 3～5 层设置一层脚手板。

梯子为设有踏步的斜梯，分别扣挂在上下两层门架的横梁上。

扣墙器和扣墙管都是确保脚手架整体稳定的拉结件。扣墙器为花篮螺栓构造，一端带有扣件与门架竖管扣紧，另一端有螺杆锚入墙中，旋紧花篮螺栓，即可把扣墙器拉紧。扣墙管为管式构造，一端的扣环与门架拉紧，另一端为埋墙螺栓或夹墙螺栓，锚入或夹紧墙壁。

托架分定长臂和伸缩臂两种形式，可伸出宽度 0.5～1.0m，以适应脚手架距墙面较远时的需要。

小桁架（栈桥梁）用来构成通道。

连接扣件亦分三种类型：回转扣、直角扣和筒扣，每一种类型又有不同规格，以适应相同管径或不同管径杆件之间的连接。

2. 脚手架杆配件的质量和性能要求

门架及其配件的规格、性能和质量应符合现行行业产品标准《门式钢管脚手架》JG13 的规定。新购门架及配件应有出厂合格证明书与产品标志。周转使用的门架及其配件应按表 5-1 的规定进行类别判定、维修和使用。

（1）门架及配件的外观焊接质量及表面涂层的要求

门架及配件的外观焊接质量及表面涂层质量应符合表 5-2 所列要求。

门架及配件的外观焊接质量及表面涂层的要求 表 5-2

项目	内容	要求
外观要求	门架钢管	表面应无裂纹、凹陷、锈蚀，不得用接长钢管
	水平架、脚手板、钢梯的搭钩	应焊接或铆接牢固
	各杆件端头压扁部分	不得出现裂纹
	销钉孔、铆钉孔	应采用钻孔，不得使用冲孔
	脚手板、钢梯踏步板	应有防滑功能
尺寸要求	门架及配件尺寸	必须按设计要求确定
	锁销直径	不应小于 13mm
	交叉支撑销孔孔径	不得大于 16mm
	连接棒、可调底座的螺杆及固定底座的插杆	插入门架立杆中的长度不得小于 95mm
	挂扣式脚手板、钢梯踏步板	厚度不小于 1.2mm，搭钩厚度不应小于 7mm
焊接要求	门架各杆件焊接	应采用手工电弧焊，若能保证焊接强度不降低，也可采用其他焊接方法
	门架立杆与横杆的焊接螺杆、插管与底板的焊接	必须采用周围焊接
	焊缝高度	不得小于 2mm

项目	内容	要求
焊接要求	焊缝表面	应平整光滑，不得有漏焊、焊穿、裂缝和夹渣
	焊缝内气孔	气孔直径不应大于 1.0mm，每条焊缝内的气孔数量不得超过 2 个
	焊缝立体金属咬肉	咬肉深度不得超过 0.5mm，长度总和不应超过焊缝长度的 10%
表面涂层要求	门架	宜采用镀锌处理
	连接棒、锁臂、可调底座、脚手板、水平架和钢梯的搭钩	应采用表面镀锌处理，镀锌表面应光滑，连接处不得有毛刺、滴瘤和多余结块
	门架及其他未镀锌配件	不镀锌表面应刷涂、喷涂或浸涂防锈漆两道，面漆一道，也可采用磷化烤漆。油漆表面应均匀，无漏涂、流淌、脱皮、皱纹等缺陷

（2）连接钢管及扣件的质量要求

水平加固杆、封口杆、扫地杆、剪刀撑及脚手架转角处的连接杆等宜采用 $\phi 42 \times 2.5mm$ 焊接钢管，也可采用 $\phi 48 \times 3.5mm$ 焊接钢管。其材质在保证可焊性的条件下应符合现行国家标准《碳素结构钢》中 Q235A 钢的规定，相应的扣件规格也应分别为 $\phi 42mm$、$\phi 48mm$ 或 $\phi 42mm/\phi 48mm$。

钢管应平直，平直度允许偏差为管长的 1/500；两端面应平整，不得有斜口、毛口；严禁使用有硬伤（硬弯、砸扁等）及严重锈蚀的钢管。

扣件的性能质量应符合现行国家标准《钢管脚手架扣件》GB 15831—2006 中有关规定。

（3）周转使用的脚手架构配件的质量类别判定及维修使用

脚手架在施工中经多次周转使用后，门架与配件难免会产生变形和损伤，为了确保门架及配件的正常使用功能和安全可靠性，应在每次使用前，首先经直观检查挑出需要鉴别的构配件，参照表5-3～表5-7的标准，对门架及配件的外观、质量、变形、损伤、锈蚀程度等进行质量类别判定。

1）门架及配件的质量分类及处理规定

门架及配件按其质量状况可分为A、B、C、D四类。A类—维修保养；B类—更换修理；C类—经性能试验确定类别；D类—报废。具体为：

A类：有轻微变形损伤锈蚀。经清除黏附砂浆泥土等污物，除锈，重新油漆等保养工作后可继续使用。

B类：有一定程度变形或损伤（如弯曲、下凹），锈蚀轻微。应经矫正、平整、更换部件、修复、补焊、除锈、油漆等修理保养后继续使用。

C类：锈蚀较严重。应抽样进行荷载试验后确定能否使用。试验按现行行业产品标准《门式钢管脚手架》JG13中的有关规定进行。经试验确定可使用者应按B类要求经修理保养后使用；不能使用者则按D类处理。

D类：有严重变形、损伤或锈蚀。不得修复，应报废处理。

其中，严重弯曲变形是指局部弯曲变形严重的死弯、硬弯，平整后仍有明显伤痕，会造成承载力严重削弱。

严重损伤、裂缝是指主要受力杆件（立杆、横杆等）有裂纹等，非主要部位、零件裂纹损伤严重，修复后仍不能满足正常使用。

锈蚀严重是指有贯穿孔洞，大面积片状锈蚀及经试验承载力严重降低。

门架及配件总数少于或等于300件时，C类品中随机抽样的样本数量不得少于3件，总数大于300件时不得少于5件。

2）门架及配件的质量类别判定

周转使用的门架及配件的质量类别应分别根据表5-3～表5-7所列的规定进行判定。判定方法为：A类为各项都符合A类标准；B类为有1项及以上B类情况，但没有C类和D类情况；C类为有1项及以上C类情况，但没有D类情况；D类为有 1 项以上 D 类情况。

门架质量分类　　　　　表 5-3

部位及项目		A 类	B 类	C 类	D 类
立杆	弯曲（门架平面外）	≤4mm	>4mm	—	—
	裂纹	无	微小	—	有
	下凹	无	轻微	较严重	≥4mm
	壁厚	≥2.2mm	—	—	<2.2mm
	端面不平整	≤0.3mm	—	—	>0.3mm
	锁销损坏	无	损伤或脱落	—	—
	锁销间距	±1.5mm	>+1.5mm <−1.5mm	—	—
	锈蚀	无或轻微	有	较严重（鱼鳞状）	深度≥0.3mm
	立杆（中—中）尺寸变形	±5mm	>+5mm <−5mm	—	—
	下部堵塞	无或轻微	较严重	—	—
	立杆下部长度	≤400mm	>400mm	—	—
横杆	弯曲	无或轻微	严重	—	—
	裂纹	无	轻微	—	有
	下凹	无或轻微	≤3mm	—	>3mm
	锈蚀	无或轻微	有	较严重	深度≥0.3mm
	壁厚	≥2mm	—	—	<2mm
加强杆	弯曲	无或轻微	有	—	—
	裂纹	无	有	—	—
	下凹	无或轻微	有	—	—
	锈蚀	无或轻微	有	较严重	深度≥0.3mm
其他	焊接脱落	无	轻微缺陷	严重	—

交叉支撑质量分类　　　　　表 5-4

部位及项目	A 类	B 类	C 类	D 类
弯曲	≤3mm	>3mm	—	—
端部孔周裂纹	无	轻微	—	严重

部位及项目	A类	B类	C类	D类
下凹	无或轻微	有	—	严重
中部铆钉脱落	无	有	—	—
锈蚀	无或轻微	有	—	严重

连接棒质量分类　　　　表 5-5

部位及项目	A类	B类	C类	D类
弯曲	无或轻微	有	—	严重
锈蚀	无或轻微	有	较严重	深度≥0.2mm
凸环脱落	无	有	—	—
凸环倾斜	≤0.3mm	>0.3mm	—	—

可调底座、可调托座质量分类表　　　　表 5-6

部位及项目		A类	B类	C类	D类
螺杆	螺牙活损	无或轻微	有	—	严重
	弯曲	无	轻微	—	严重
	锈蚀	无或轻微	有	较严重	严重
扳手、螺母	扳手断裂	无	轻微	—	严重
	螺母转动困难	无	轻微	—	严重
	锈蚀	无或轻微	有	较严重	严重
底板	翘曲	无或轻微	有	—	—
	与螺杆不垂直	无或轻微	有	—	—
	锈蚀	无或轻微	有	较严重	严重

脚手板质量分类表　　　　表 5-7

部位及项目		A类	B类	C类	D类
脚手板	裂纹	无	轻微	较严重	严重
	下凹	无或轻微	有	较严重	—
	锈蚀	无或轻微	有	较严重	深度≥0.2mm
	面板厚	≥1.0mm	—	—	<1.0mm

部位及项目		A 类	B 类	C 类	D 类
搭钩零件	裂纹	无	—	—	有
	锈蚀	无或轻微	有	较严重	深度≥0.2mm
	铆钉损坏	无	损伤、脱落	—	—
	弯曲	无	轻微	—	严重
	下凹	无	轻微	—	严重
	锁扣损坏	无	脱落、损伤	—	—
其他	脱焊	无	轻微	—	严重
	整体变形、翘曲	无	轻微	—	严重

门架及配件经挑选后，应按质量分类和判定方法分别做上标志。再经维修、保养、修理后必须标明"检验合格"的明显标志和检验日期，不得与未经检验和处理的门架及配件混放或混用。

（二）落地门式钢管脚手架搭设

落地门式钢管脚手架的搭设应自一端延伸向另一端，由下而上按步架设，并逐层改变搭设方向，以减少架设误差。不得自两端同时向中间进行或相同搭设，以避免接合部位错位，难以连接。

脚手架的搭设速度应与建筑结构施工进度相配合，一次搭设高度不应超过最上层连墙杆三步，或自由高度不大于 6m，以保证脚手架的稳定。

一般落地门式钢管脚手架的搭设顺序为：

铺设垫木（板）→拉线、安放底座→自一端起立门架并随即装交叉支撑（底步架还需安装扫地杆、封口杆）→安装水平架（或脚手板）→安装钢梯→（需要时，安装水平加固杆）→装设连墙杆→按照上述步骤逐层向上安装→按规定位置安装剪刀撑→安装顶部栏杆→挂立杆安全网。

1. 铺设垫木（板）、安放底座

脚手架的基底必须平整坚实，并做好排水，确保地基有足够的承载能力，在脚手架荷载作用下不发生塌陷和显著的不均匀沉降。回填土地面必须分层回填，逐层夯实。落地式脚手架的基础根据土质和搭设高度，可按表5-8的要求进行处理。当土质与表中不符合时，应按现行国家标准《建筑地基基础设计规范》GB 50007—2011的有关规定经计算确定处理。

门式钢管脚手架地基基础要求　　　　表5-8

搭设高度 H(m)	地基土质		
	中低压缩性且压缩性均匀	回填土	高压缩性或压缩性不均匀
H≤24	夯实原土，干重力密度要求15.5kN/m³。立杆底座置于面积不小于0.075m² 的垫木上	土夹石或素土回填夯实、立杆底座置于面积不小于0.1m² 垫木上	夯实原土，铺设宽度不小于200mm的通长垫木
24<H≤40	垫木面积不小于0.1m²，其余同上	砂夹石回填夯实，其余同上	夯实原土，在搭设地面满铺厚度不小于150mm的C15混凝土
40<H≤55	垫木面积不小于0.15m²或铺通长垫木，其余同上	砂夹石回填夯实，垫木面积不小于0.15m²或铺通长垫木	夯实原土，在搭设地面满铺厚度不小于200mm的C15混凝土

注：垫木厚度不小于50mm，宽度不小于200mm；通长垫木的长度不小于1500mm。

门架立杆下垫木的铺设方式：

当垫木长度为1.6m～2.0m时，垫木宜垂直于墙面方向横铺。

当垫木长度为4.0m时，垫木宜平行于墙面方向顺铺。

2. 立门架、安装交叉支撑、安装水平架或脚手板

在脚手架的一端将第一榀和第二榀门架立在底座上后，纵

向立即用交叉支撑连接两榀门架的立杆，门架的内外两侧安装交叉支撑，在顶部水平面上安装水平架或挂扣式脚子板，搭成门式钢管脚手架的一个基本结构，如图 5-1 所示。以后每安装一榀门架及时安装交叉支撑、水平架或脚手板，依次按此步骤沿纵向逐跨安装搭设。

搭设要求：

（1）门架

不同型号的门架与配件严禁混合使用；同一脚手架工程，不配套的门架与配件也不得混合使用。

门架立杆离墙面的净距不宜大于 150mm，大于 150mm 时，应采取内挑架板或其他防护的安全措施。不用三角架时，门架的里立杆边缘距墙面约 50～60mm（图 5-9a）；用三角架时，门架里立杆距墙面 550～600mm（图 5-9b）。

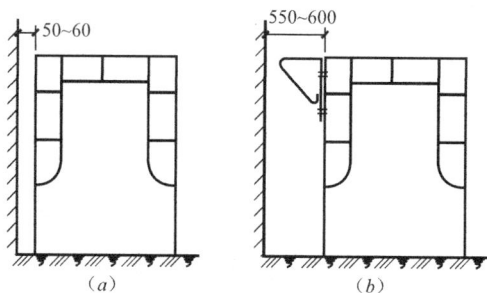

图 5-9　门架里立杆的离墙距离

底步门架的立杆下端应设置固定底座或可调底座。

（2）交叉支撑

门架的内外两侧均应设置交叉支撑，其尺寸应与门架间距相匹配，并应与门架立杆上的锁销销牢。

（3）水平架

在脚手架的顶层门架上部、连墙件设置层、防护棚设置层必须连续设置水平架。

脚手架高度 $H \leqslant 45m$ 时，水平架至少两步一设；$H > 45m$ 时，水平架应每步一设。不论脚手架高度多少，在脚手架的转角处，端部及间断处的一个跨距范围内，水平架均应每步一设。

水平架可由挂扣式脚手板或门架两侧的水平加固杆代替。

（4）脚手板

第一层门架顶面应铺设一定数量的脚手板，以便在搭设第二层门架时，施工人员可站在脚手板上操作。

在脚手架的操作层上应连续满铺与门架配套的挂扣式脚手板，并扣紧挂扣，用滑动挡板锁牢，防止脚手板脱落或松动。

采用一般脚手板时，应将脚手板与门架横杆用铅丝绑牢，严禁出现探头板。并沿脚手架高度每步设置一道水平加固杆或设置水平架，加强脚手架的稳定。

（5）安装封口杆、扫地杆

在脚手架的底步门架立杆下端应加封口杆、扫地杆。封口杆是连接底步门架立杆下端的横向水平杆件，扫地杆是连接底步门架立杆下端的纵向水平杆件。扫地杆应安装在封口杆下方。

（6）脚手架垂直度和水平度的调整

脚手架的垂直度（表现为门架竖管轴线的偏移）和水平度（门架平面方向和水平方向）对于确保脚手架的承载性能至关重要（特别是对于高层脚手架）。门式脚手架搭设的垂直度和水平度允许偏差见表 5-9。

门式钢管脚手架搭设的垂直度和水平度允许偏差　　表 5-9

项目		允许偏差（mm）
垂直度	每步架	$h/1000$ 及 ± 2.0
	脚手架整体	$H/600 \pm 50$
水平度	一跨距内水平架两端高差	$\pm l/600$ 及 ± 3.0
	脚手架整体	$\pm H/600$ 及 ± 50

注：h—步距；H—脚手架高度；l—跨距；L—脚手架长度

严格控制首层门架的垂直度和水平度。在装上以后要逐片地、仔细地调整好，使门架立杆在两个方向的垂直偏差都控制在 2mm 以内，门架顶部的水平偏差控制在 3mm 以内。随后在门架的顶部和底部用大横杆和扫地杆加以固定。搭完一步架后应按规范要求检查并调整其水平度与垂直度。接门架时上下门架立杆之间要对齐，对中的偏差不宜大于 3mm。同时注意调整门架的垂直度和水平度。另外，应及时装设连墙杆，以避免架子发生横向偏斜。

（7）转角处门架的连接

脚手架在转角之处必须作好连接和与墙拉结，以确保脚手架的整体性，处理方法为：在建筑物转角处的脚手架内、外两侧按步设置水平连接杆，将转角处的两门架连成一体，如图 5-10 所示。水平连接杆必须步步设置，以使脚手架在建筑物周围形成连续闭合结构，或者利用回转扣直接把两片门架的竖管扣接起来。

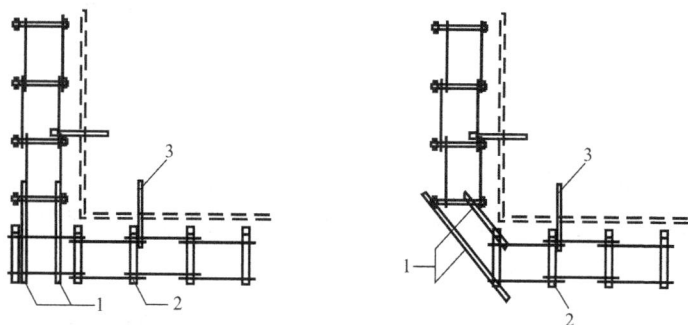

图 5-10 转角处脚手架连接
1—连接钢管；2—门架；3—连墙杆

水平连接杆钢管的规格应与水平加固杆相同，以便于用扣件连接。

水平连接杆应采用扣件与门架立杆及水平加固杆扣紧。

另外，在转角处适当增加连墙件的布设密度。

3. 斜梯安装

作业人员上下脚手架的斜梯应采用挂扣式钢梯，钢梯的规格应与门架规格配套，并与门架挂扣牢固。

脚手架的斜梯宜采用"之"字形式，一个梯段宜跨越两步或三步，每隔四步必须设置一个休息平台。斜梯的坡度应在 30°以内，如图 5-11 所示。斜梯应设置护栏和扶手。

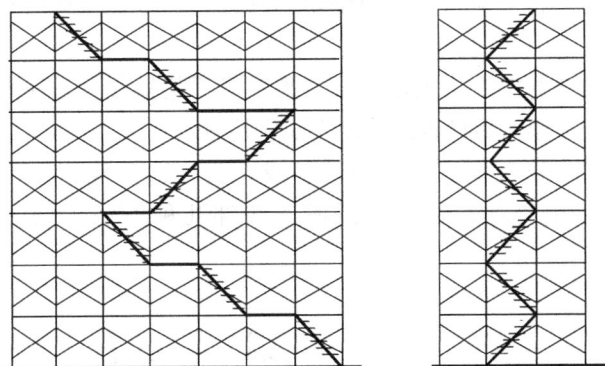

图 5-11　上人楼梯段的设置形式

4. 安装水平加固杆

门式钢管脚手架中，上、下门架均采用连接棒连接，水平杆件采用搭扣连接，斜杆采用锁销连接，这些连接方法的紧固性较差，致使脚手架的整体刚度较差，在外力作用下，极易发生失稳。因此必须设置一些加固件，以增强脚手架刚度。门式脚手架的加固件主要有：剪刀撑、水平加固杆件、扫地杆、封口杆、连墙件（图 5-2），沿脚手架内外侧周围封闭设置。

水平加固杆是与墙面平行的纵向水平杆件。为确保脚手架搭设的安全以及脚手架整体的稳定性，水平加固杆必须随脚手架的搭设同步搭设。

当脚手架高度超过 20m 时，为防止发生不均匀沉降，脚手架最下面 3 步可以每步设置一道水平加固杆（脚手架外侧），3 步以上每隔 4 步设置一道水平加固杆，并宜在有连墙件的水平层连续设置，以形成水平闭合圈，对脚手架起环箍作用，增强脚手架的稳定性。水平加固杆采用 $\phi48.3$ 钢管，用扣件在门架立杆的内侧与立杆扣牢。

5. 设置连墙件

为避免脚手架发生横向偏斜和外倾，加强脚手架的整体稳定性、安全可靠性，脚手架必须设置连墙件。

连墙件的搭设按规定间距必须随脚手架搭设同步进行，不得漏设，严禁滞后设置或搭设完毕后补做。

连墙件由连墙件和锚固件组成，其构造因建筑物的结构不同有夹固式、锚固式和预埋连墙件几种方法，如图 5-12 所示。

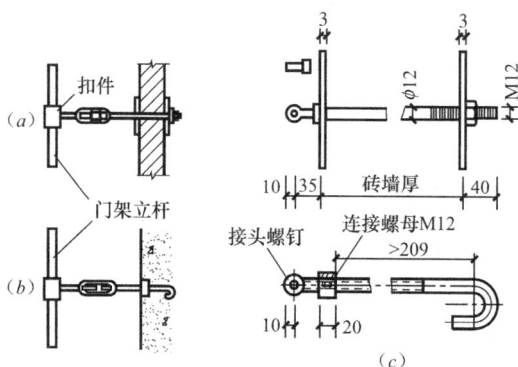

图 5-12　连墙件构造

连墙件的最大间距，在垂直方向为 6m，在水平方向为 8m。一般情况下，连墙件竖向每隔三步，水平方向每隔 4 跨设置一个。高层脚手架应适当增加布设密度，低层脚手架可适当减少布设密度，连墙件间距规定应满足表 5-10 的要求。

序号	脚手架搭设方式	脚手架高度（m）	连墙件间距（m）		每根连墙件覆盖面积（m²）
			竖向	水平向	
1	落地、密目式安全网全封闭	≤40	3h	3l	≤40
2		>40	2h	2l	≤27
3					
4	悬挑、密目式安全网全封闭	≤40	3h	3l	≤40
5		40～60	2h	3l	≤27
6		>60	2h	2l	≤20

注：1. 序号 4～6 为架体位于地面上高度；
　　2. 按每根连墙件覆盖面积选择连墙件设置时，连墙件竖向间距≤6.0m；
　　3. h—步距，l—跨距。

连墙件应能承受拉力与压力，其承载力标准值不应小于 10kN；连墙件与门架、建筑物的连接也应具有相应的连接强度。

连墙件宜垂直于墙面，不得向上倾斜，连墙件埋入墙身的部分必须锚固可靠。

连墙件应连于上、下两榀门架的接头附近，靠近脚手架中门架的横杆设置，其距离不宜大于 200mm。

在脚手架外侧因设置防护棚或安全网而承受偏心荷载的部位应增设连墙件，且连墙件的水平间距不应大于 4.0m。

脚手架的转角处，不闭合（一字形、槽形）脚手架的两端应增设连墙件，且连墙件的竖向间距不应大于 4m，以加强这些部位与主体结构的连接，确保脚手架的安全工作。

当脚手架操作层高出相邻连墙件以上两步时，应采用确保脚手架稳定的临时拉结措施，直到连墙件搭设完毕后方可拆除。

加固件、连墙件等与门架采用扣件连接时，扣件规格应与所连钢管外径相匹配；扣件螺栓拧紧扭力矩宜为 50～60N·m，并不得小于 40N·m。各杆件端头伸出扣件盖板边缘长度不应小于 100mm。

6. 搭设剪刀撑

为了确保脚手架搭设的安全以及脚手架的整体稳定性，剪刀撑必须随脚手架的搭设同步搭设。

剪刀撑采用 ϕ48.3mm 钢管，用扣件在脚手架门架立杆的外侧与立杆扣牢，剪刀撑斜杆与地面倾角宜为 45°～60°，宽度一般为 4～8m，自架底至顶连续设置。剪刀撑之间净距不大于15m。如图 5-13 所示。

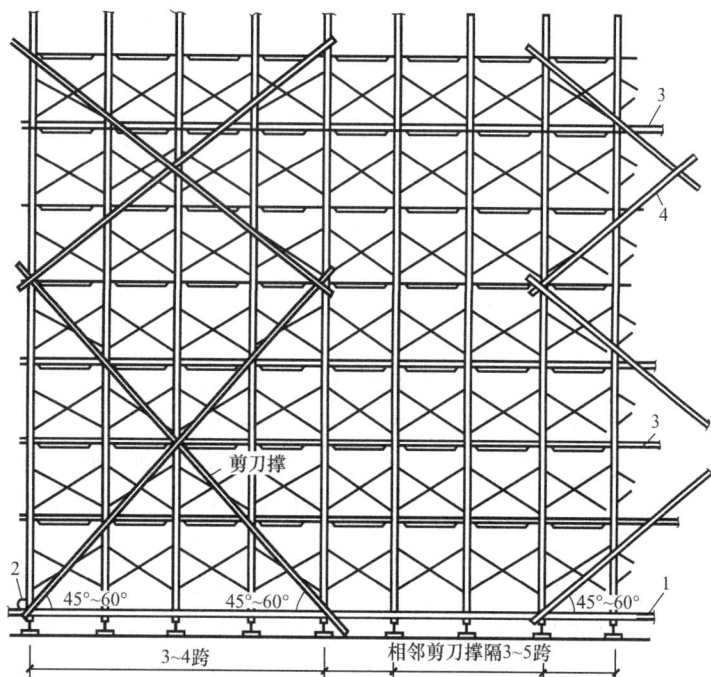

图 5-13　剪刀撑设置

1—纵向扫地杆；2—横向封口杆；3—水平加固杆；4—剪刀撑

剪刀撑斜杆若采用搭接接长，搭接长度不宜小于 600mm，且应采用两个扣件扣紧。

脚手架的高度 $H>20$m 时，剪刀撑应在脚手架外侧连续设置。

7. 门架竖向组装

上、下榀门架的组装必须设置连接棒和锁臂，其他部件（如栈桥梁等）则按其所处部位相应及时安装。

搭第二步脚手架时，门架的竖向组装、接高用连接棒，连接棒直径应比立杆内径小 1～2mm，安装时连接棒应居中插入上、下门架的立杆中，以使套环能均匀地传递荷载。

连接棒采用表面油漆涂层时，表面应涂油，以防使用期间锈蚀，拆卸时难以拔出。

门式脚手架高度超过 10m 时，应设置锁臂，如采用自锁式弹销式连接棒时，可不设锁臂。

锁臂是上下门架组成接头处的拉结部件，用钢片制成，两端钻有销钉孔，安装时将交叉支撑和锁臂先后锁销，以限制门架及连接棒拔出。

连接门架与配件的锁臂、搭钩必须处于锁住状态。

8. 通道洞口的设置

通道洞口高不宜大于 2 个门架高，宽不宜大于 1 个门架跨距，通道洞口应采取加固措施。

当洞口宽度为 1 个跨距时，应在脚手架洞口上方的内、外侧设置水平加固杆，在洞口两个上角加设斜撑杆，如图 5-14 所示。当洞口宽为两个及两个以上跨距时，应在洞口上方设置水平加固杆及专门设计和制作的托架，并在洞口两侧加强门架立杆，如图 5-15 所示。

9. 安全网、扶手安装

安全网及扶手等设置参照扣件式脚手架。

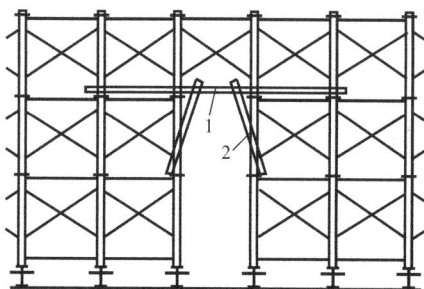

图 5-14　通道洞口加固示意

1—水平加固管；2—斜撑杆

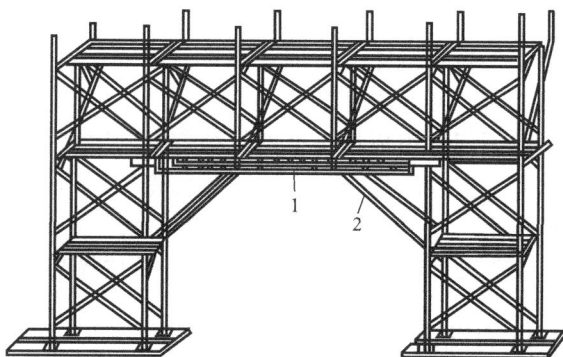

图 5-15　宽通道洞口加固示意

1—托架梁；2—斜撑杆

10. 分段搭设与卸载构造

当不能落地架设或搭设高度超过规定（45m 或轻载的 60m）时，可分别采取从楼板伸出支挑构造的分段搭设方式或支挑卸载方式，如图 5-16 所示。或者采取其他支挑方式，并经过严格设计（包括对支承建筑结构的验算）后予以实施。

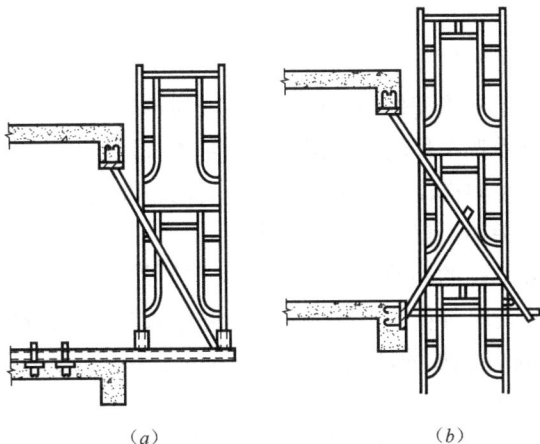

（a）　　　　　　　　　　　（b）

图 5-16　非落地支承形式

（a）分段搭设构造；（b）分段卸荷构造

（三）门式钢管外脚手架的检查、验收和使用安全管理

1. 门式钢管外脚手架的检查、验收

脚手架搭设前，工程技术负责人应按施工方案要求，结合施工现场作业条件和队伍情况，向搭设和使用人员做技术和安全作业要求的交底，并确定指挥人员。

对门架、配件、加固件应按规范要求进行检查、验收，严禁使用不合格的门架、配件。

脚手架搭设完毕或分段搭设完毕，应按照施工方案和规范要求对脚手架的搭设质量逐项进行检查、验收，合格后方可验收投入使用。

高度≤20m 的脚手架，应由单位工程负责人组织有关技术、安装人员进行验收。高度＞20m 的脚手架，应由上一级技术负责人随工程进行分阶段组织单位工程负责人及有关的技术安全人员进行检查验收。

验收时应具备下列文件：

（1）施工组织设计文件。

（2）脚手架构配件的出厂合格证或质量分类合格标志。

（3）脚手架工程的施工记录及质量检查记录。

（4）脚手架搭设过程中出现的重要问题及处理记录。

（5）脚手架工程的施工验收报告。

脚手架工程的验收，除查验有关文件外，还应进行现场检查，现场检查应着重检查以下几项，并记入施工验收报告：

1）构配件和加固件是否齐全，质量是否合格，连接和挂扣是否紧固可靠。

2）安全网的张挂及扶手的设置是否齐全。

3）基础是否平整、坚实，支垫是否符合规定。

4）连墙件的数量、位置和设置是否符合要求。

5）垂直度及水平度是否合格。

落地门式钢管外脚手架的检查、验收可参照落地扣件式钢管外脚手架检查、验收的内容。但门式钢管脚手架垂直度、水平度的允许偏差应符合表 5-9 中所列要求。

2. 门式钢管脚手架使用的安全管理

门式钢管脚手架的使用安全管理与落地扣件式钢管脚手架的相同。

另外，沿脚手架外侧严禁任意攀登。施工期间不得拆除下列杆件：

（1）交叉支撑、水平架。

（2）连墙件。

（3）加固杆件：如剪刀撑、水平加固杆、扫地杆、封口杆等。

（4）栏杆。

当因作业需要临时拆除交叉支撑或连墙件时，应经主管部门批准并应符合下列规定：

（1）交叉支撑只能在门架一侧局部拆除，临时拆除后，在拆除交叉支撑的门架上、下层面应满铺水平架或脚手板。作业完成后，应立即恢复拆除的交叉支撑；拆除时间较长时，还应加设扶手或安全网。

（2）只能拆除个别连墙件，在拆除前、后应采取安全措施，并应在作业完成后立即恢复；不得在竖向或水平向同时拆除两个及两个以上连墙件。

外脚手架的外表面应满挂安全网（或使用长条塑料编制篷布），并与门架竖杆和剪刀撑结牢，每5层门架加设一道水平安全网。顶层门架之上应设置栏杆。

门式脚手架上不宜使用手推车。材料的水平运输应利用楼板层或用塔式起重机直接吊运至作业地点。

脚手架在使用期间应设专人负责进行经常检查和保修工作，在主体结构施工期间，一般应3d检查一次；主体结构完工后，最多7d也要检查一次。每次检查都应对杆件有无发生变形、连接点是否松动、连墙拉结是否可靠以及门架立杆基础是否发生沉陷等进行全面检查，发现问题应立即采取措施，以确保使用安全。

拆除架子时应自上而下进行，部件拆除的顺序与安装顺序相反。不允许将拆除的部件直接从高空掷下。应将拆下的部件分品种捆绑后，使用垂直吊运设备将其运至地面，集中堆放保管。

门式脚手架部件的品种规格较多。必须由专门人员（或部门）管理，以减少损坏。凡杆件变形和挂扣失灵的部件均不得继续使用。

（四）门式钢管脚手架的拆除

1. 准备工作

门式钢管脚手架拆除的准备工作和安全防护措施同扣件式钢管脚手架。

2. 门式钢管脚手架拆除

脚手架经单位工程负责人检查验证并确认不再需要时，方可拆除。并由单位工程负责人进行拆除安全技术交底。

拆除脚手架时，应设置警戒区和警戒标志，并由专职人员负责警戒。

门式钢管脚手架的拆除，应在统一指挥下，按后装先拆、先装后拆的顺序自上而下逐层拆除，每一层从一端的边跨开始拆向另一端的边跨，先拆扶手和栏杆，然后拆脚手架或水平架、扶梯，再拆水平加固杆、剪刀撑，接着拆除交叉支撑，顶部的连墙件，同时拆卸门架。

注意事项：

（1）脚手架同一步（层）的构配件和加固件应按先上后下，先外后内的顺序进行拆除，最后拆连墙件和门架。

（2）在拆除过程中，脚手架的自由悬臂高度不得超过2步，当必须超过2步时，应加设临时拉结。

（3）连墙杆、通长水平杆、剪刀撑等必须在脚手架拆卸到相关的门架时方可拆除，严禁先拆。

（4）工人必须站在临时设置的脚手板上进行拆卸作业，并按规定使用安全防护用品。

（5）拆卸连接部件时，应将锁座上的锁板、卡钩上的锁片旋转至开启位置，然后开始拆除，不得硬拉，严禁敲击。

（6）拆除工作中，严禁使用榔头等硬物击打、撬挖，拆下的连接棒应放入袋内，锁臂应先传递至地面并放室内堆存。

（7）拆下的门架、钢管与配件，应成捆用机械吊运或由井架传送至地面，防止碰撞，严禁抛掷。

3. 脚手架材料的整修、保养

拆下的门架及配件，应清除杆件及螺纹上的沾污物，并及时分类、检验、整修和保养，按品种、规格、分类整理存放，妥善保管。

六、模板支撑架

模板支撑架是为建筑物的钢结构安装或现浇混凝土构件搭设的承力支架，承受模板、钢筋、新浇捣的混凝土和施工作业时的人员、工具等的重量，其作用是保证模板面板的形状和位置不改变。

模板支撑架通常采用脚手架的杆（构）配件搭设，按脚手架结构计算。模板支撑系统应优先选用技术成熟的定型化、工具式支撑体系。目前常用的支撑体系有钢管扣件式、碗扣式、盘扣式（轮扣式）脚手架。

（一）脚手架结构模板支撑架的类别和构造要求

1. 模板支撑架的类别

用脚手架材料可以搭设各类模板支撑架，包括梁模、板模、梁板模和箱基模等，并大量用于梁板模板的支架中。在板模和梁板模支架中，支撑高度大于 4.0m 者，称为"高支撑架"，有早拆要求及其装置者，称为"早拆模板体系支撑架"。按其构造情况可作以下分类：

（1）按构造类型划分

1）支柱式支撑架（支柱承载的构架）

2）片（排架）式支撑架（由一排有水平拉杆联结的支柱形成的构架）

3）双排支撑架（两排立杆形成的支撑架）

4）空间框架式支撑架（多排或满堂设置的空间构架）

（2）按杆系结构体系划分

1）几何不可变杆系结构支撑架（杆件长细比符合桁架规定，竖平面斜杆设置不小于均占两个方向构架框格的 1/2 的构架）

2）非几何不可变杆系结构支撑架（符合脚手架构架规定，但有竖平面斜杆设置的框格低于其总数 1/2 的构架）

（3）按支柱类型划分

1）单立杆支撑架

2）双立杆支撑架

3）格构柱群支撑架（由格构柱群体形成的支撑架）

4）混合支柱支撑架（混用单立杆、双立杆、格构柱的支撑架）

（4）按水平构架情况划分

1）水平构造层不设或少量设置斜杆或剪力撑的支撑架

2）有一或数道水平加强层设置的支撑架，又可分为：

① 板式水平加强层（每道仅为单层设置，斜杆设置大于或等于 1/3 水平框格）

② 桁架式水平加强层（每道为双层，并有竖向斜杆设置）

此外，单双排支撑架还有设附墙拉结（或斜撑）与不设之分，后者的支撑高度不宜大于 4m。支撑架的所受荷载一般为竖向荷载，但箱基模板（墙板模板）支撑架则同时受竖向和水平荷载作用。

2. 模板支撑架的设置要求

支撑架的设置应满足可靠承受模板荷载，确保沉降、变形、位移均符合规定，绝对避免出现坍塌和垮架的要求，并应特别注意确保以下三点：

（1）承力点应设在支柱或靠近支柱处，避免水平杆跨中受力。

（2）充分考虑施工中可能出现的最大荷载作用，并确保其仍有 2 倍的安全系数。

（3）支柱的基底绝对可靠，不得发生严重沉降变形。

（二）扣件式钢管模板支撑架

扣件式钢管模板支撑架采用扣件式钢管脚手架的杆、配件搭设。

1. 施工准备

（1）扣件式钢管模板支撑架搭设的准备工作，如场地清理平整等均与扣件式钢管脚手架搭设时相同。

（2）立杆布置

扣件式钢管支撑架立杆的构造基本同扣件式钢管脚手架立杆的规定。立杆间距一般应通过计算确定。规范规定最大为1.2m×1.2m，步距最大不得大于1.8m。对较复杂的工程，应根据建筑结构的主、次梁和板的布置，模板的配板设计、装拆方式，纵横楞的安排等情况，画出支撑架立杆的布置图。

2. 模板支撑架搭设

搭设方法基本同扣件式钢管外脚手架。板模、梁板模等满堂模板支架，在四周应设包角斜撑，四侧设剪刀撑，中间每隔四排立杆沿竖向设一道剪刀撑，所有斜撑和剪刀撑均须由底到顶连续设置。剪刀撑的构造同扣件式钢管外脚手架。

（1）立杆的接长

扣件式支撑架的高度可根据建筑物的层高而定。立杆的接长，采用对接，如图6-1所示。

支撑架立杆采用对接扣件连接时，在立杆的顶端安插一个顶托，被支撑的模板荷载通过顶托直接作

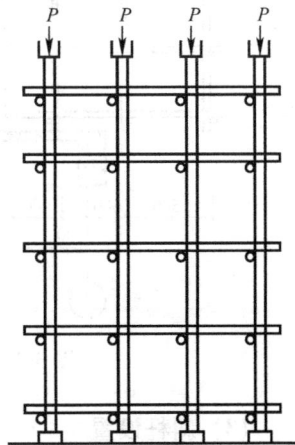

图 6-1　立杆对接连接

用在立杆上。

支架立杆应竖直设置，2m 高度的垂直允许偏差为 7mm。设在支架立杆根部的可调底座，当其伸出长度超过 300mm 时，应采取可靠措施固定。

当梁模板支架立杆采用单根立杆时，立杆应设在梁模板中心线处，其偏心距不应大于 25mm。

（2）水平拉结杆设置

为加强扣件式钢管支撑架的整体稳定性，在支撑架立杆之间纵、横两个方向必须设置扫地杆和水平拉结杆。各水平拉结杆的间距（步高）一般不大于 1.6m。

图 6-2 为一扣件式满堂支撑架水平拉结杆布置的实例。

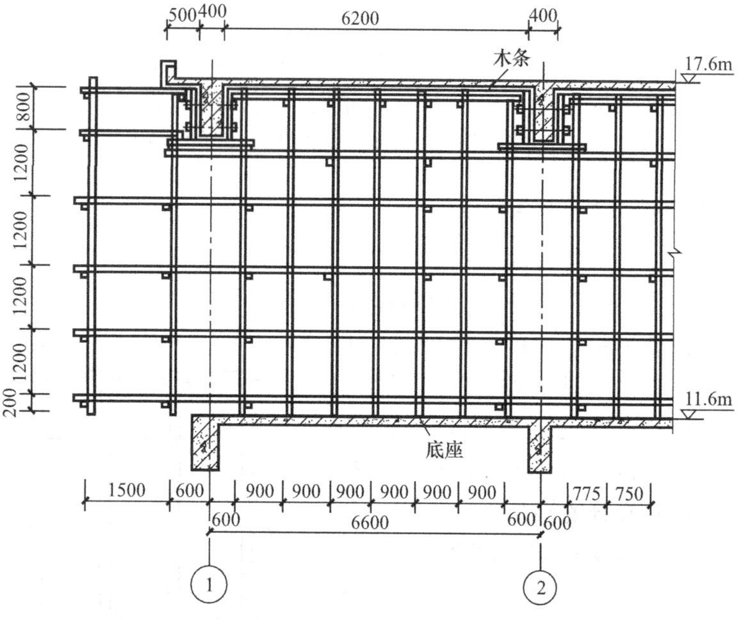

图 6-2　梁板结构模板支撑架

（3）斜杆设置

为保证支撑架的整体稳定性，在设置纵、横向水平拉结杆

198

同时，还必须设置斜杆，具体搭设时可采用刚性斜撑或柔性斜撑。

刚性斜撑以钢管为斜撑，用扣件将它们与支撑架中的立杆和水平杆连接。

柔性斜撑采用钢筋、铅丝、铁链等材料，必须交叉布置，并且每根拉杆中均要设置花篮螺栓（图 6-3）以保证拉杆不松弛。

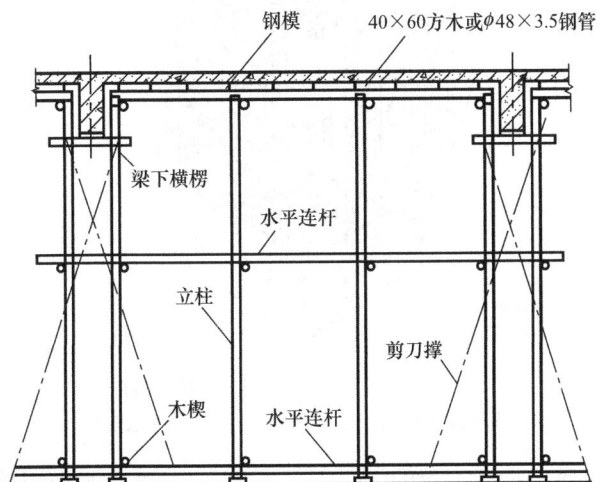

图 6-3　柔性斜撑

3. 满堂支撑架的安全技术要求

（1）满堂支撑架搭设高度不宜超过 30m。

（2）满堂支撑架的高宽比不应大于 3。当高宽比超过规范规定时，应在支架的四周和内部与建筑结构刚性连接，连墙件水平间距应为 6～9m，竖向间距应为 2～3m；自顶层水平杆中心线至顶撑顶面的立杆段长度 a 不应超过 0.5m。

（3）满堂支撑架可分为普通型和加强型二种。

当架体沿外侧周边及内部纵、横向每隔 5～8m，设置由底至顶的连续竖向剪刀撑（宽度 5～8m），在竖向剪刀撑顶部交点平面，且水平剪刀撑距架体底平面或相邻水平剪刀撑的间距不超过 8m 时，定义为普通型满堂支撑架。如图 6-4 所示。

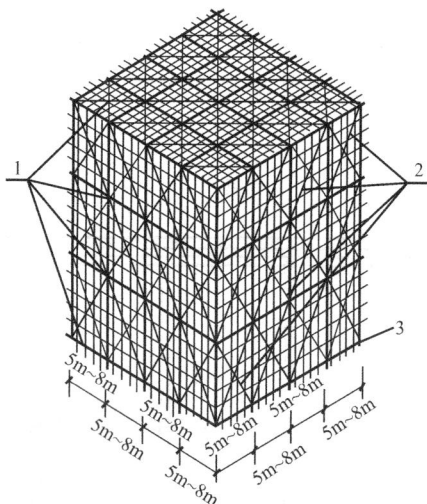

图 6-4　普通型水平、竖向剪刀撑布置图
1—水平剪刀撑；2—竖向剪刀撑；3—扫地杆设置层

当连续竖向剪刀撑的间距不大于 5m，连续水平剪刀撑距架体底平面或相邻水平剪刀撑的间距不大于 6m 时，定义为加强型满堂支撑架。

当架体高度不超过 8m 且施工荷载不大时，扫地杆布置层可不设水平剪刀撑。

（4）加强型满堂支撑架剪刀撑设置

当立杆纵、横间距为 0.9m×0.9m～1.2m×1.2m 时，在架体外侧周边及内部纵、横向每 4 跨（且不大于 5m），应由底至顶设置宽度为 4 跨的连续竖向剪刀撑。

当立杆纵、横间距为 0.6m×0.6m～0.9m×0.9m（含本身）时，在架体外侧周边及内部纵、横向每 5 跨（且不大于 3m），应由底至顶设置宽度为 5 跨的连续竖向剪刀撑。

当立杆纵、横间距为 0.4m×0.4m～0.6m×0.6m（含 0.4m）时，在架体外侧周边及内部纵、横向每 3～3.2m 应由底至顶设置宽度为 3～3.2m 的连续竖向剪刀撑。

在竖向剪刀撑架顶部交点平面和扫地杆层及竖向间隔不超过 6m 设置连续水平剪刀撑。宽度 3～5m。如图 6-5 所示。

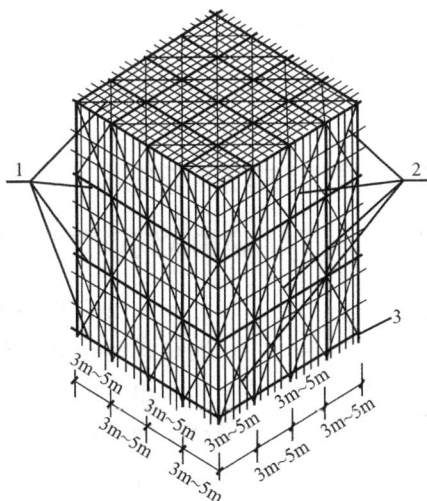

图 6-5　加强型水平、竖向剪刀撑布置图
1—水平剪刀撑；2—竖向剪刀撑；3—扫地杆设置层

（5）满堂支撑架的可调底座、可调托撑螺杆伸出长度不宜超过 300mm，插入立杆内的长度不得小于 150mm。满堂支撑架顶部可调托撑的螺杆外径不得小于 36mm，直径与螺距应符合《梯形螺纹》GB/T 5796.2 的规定；支托板厚不应小于 5mm，螺杆与支托板应焊牢，焊缝高度不得小于 6mm；螺杆与螺母旋合长度不得少于 5 扣，螺母厚度不得小于 30mm。

（6）满堂支撑架的搭设构造规定和双排脚手架相同。

（7）满堂支撑架在使用过程中，应设有专人监护施工。当出现异常情况时，应立即停止施工，并应迅速撤离作业面上人员。应在采取确保安全的措施后，查明原因，做出判断和处理。

（8）满堂支撑架顶部的实际荷载不得超过设计规定。

（三）碗扣式钢管模板支撑架

碗扣式钢管支撑架采用碗扣式钢管脚手架系列构件搭设。目前广泛应用于现浇钢筋混凝土墙、柱、梁、楼板、桥梁、地道桥和地下行人道等工程。

在高层建筑现浇混凝土结构施工中，常将碗扣式钢管支撑架与早拆模板体系配合使用。

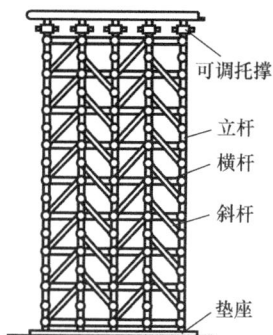

可调托撑
立杆
横杆
斜杆

垫座

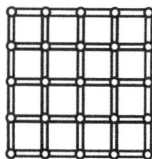

图 6-6　碗扣式支撑架

1. 碗扣式钢管支撑架构造

（1）一般碗扣式支撑架

用碗扣式钢管脚手架系列构件可以根据需要组装成不同组架密度、不同组架高度的支撑架，其一般组架结构如图 6-6 所示。由立杆垫座（或立杆可调座）、立杆、顶杆、可调托撑以及横杆和斜杆（或斜撑、剪刀撑）等组成。使用不同长度的横杆可组成不同立杆间距的支撑架，基本尺寸见表 6-1，支撑架中框架单元的框高应根据荷载等因素进行选择。当所需要的立杆间距与标准横杆长度（或现有横杆长度）不符时，可采用两组或多组组架交叉叠合布置，横杆错层连接（图 6-7）。

碗扣式钢管支撑架框架单元基本尺寸表　　表 6-1

类型	A 型	B 型	C 型	D 型	E 型
基本尺寸 （框长×框宽×框高）	1.8×1.8 ×1.8	1.2×1.2 ×1.8	1.2×1.2 ×1.2	0.9×0.9 ×1.2	0.9×0.9 ×0.6

（2）带横托撑（或可调横托撑）支撑架

如图 6-8 所示，可调横托座既可作为墙体的侧向模板支撑，又可作为支撑架的横（侧）向限位支撑。

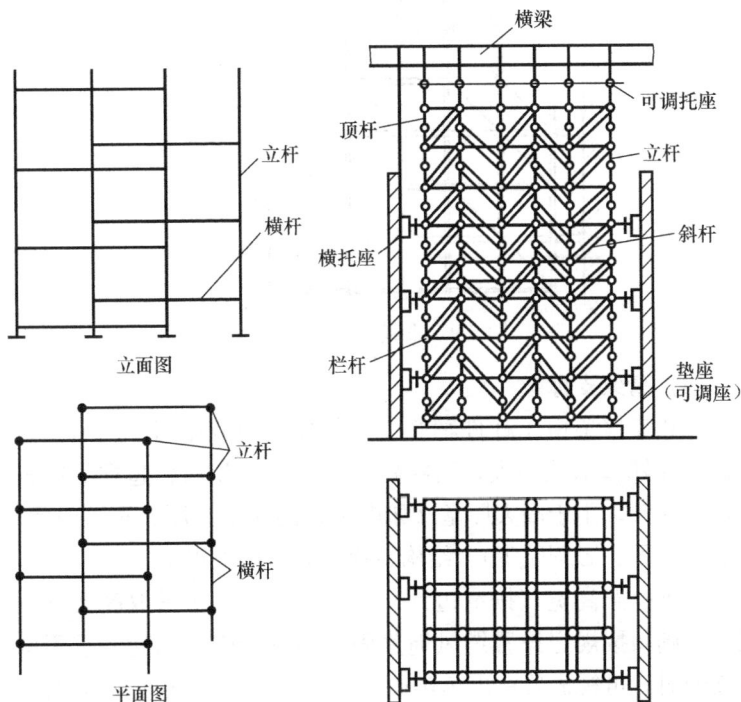

图 6-7 支撑架交叉布置

图 6-8 带横托撑支撑架

（3）底部扩大支撑架

对于楼板等荷载较小，但支撑面积较大的模板支架，一般不必把所有立杆连成整体，可分成几个独立支架，只要高宽（以窄边计）比小于 3：1 即可，但至少应有两跨连成一整体。对一些重载支撑架或支撑高度较高（大于 10m）的支撑架，则需把所有立杆连成一整体，并根据具体情况适当加设斜撑、横托撑或扩大底部架（图 6-9），用斜杆将上部支撑架的荷载部分传递到扩大部分的立杆上。

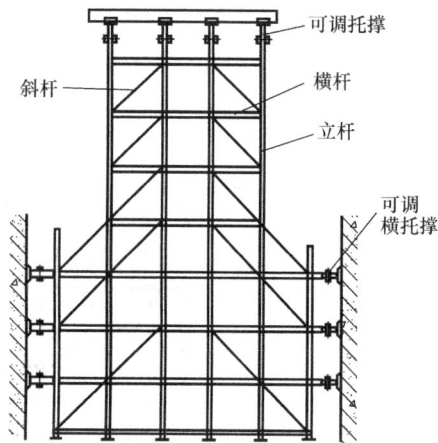

图 6-9 重载支撑架构造

（4）高架支撑架

碗扣支撑架由于杆件轴心受力、杆件和节点间距定型、整架稳定性好和承载力大，而特别适合于构造超高、超重的梁板模板支撑架，用于高大厅堂（如电视台的演播大厅、宾馆门厅、教学楼大厅、影剧院等）、结构转换层和道桥工程施工中。

当支撑架高宽（按窄边计）比超过 5 时，应采取高架支撑架，否则须按规定设置缆风绳紧固。如桥梁施工期间要求不中断交通时，可视需要留出车辆通道（图 6-10），对通道两侧荷载显著增大的支架部分则采用密排（杆距 0.6～0.9m）设置，亦可用格构式支柱组成支撑墩（图 6-11）或支撑架。

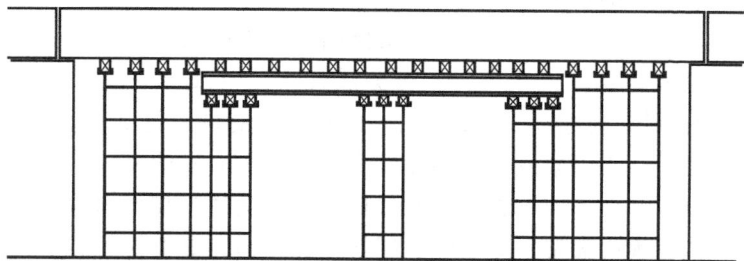

图 6-10　不中断交通的桥梁支撑架

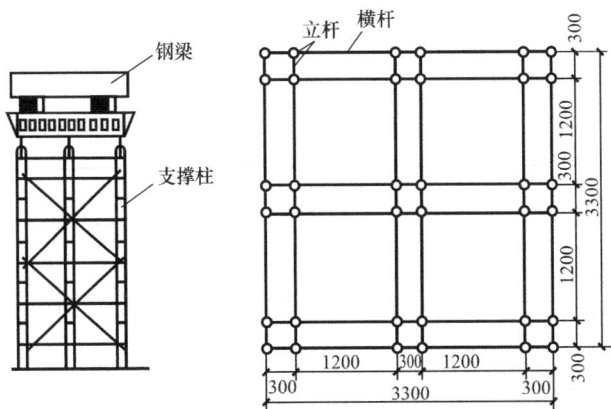

图 6-11　栓焊钢梁支撑墩

（5）支撑柱支撑架

当施工荷载较重时，应采用图 6-12 所示碗扣式钢管支撑柱组成的支撑架。

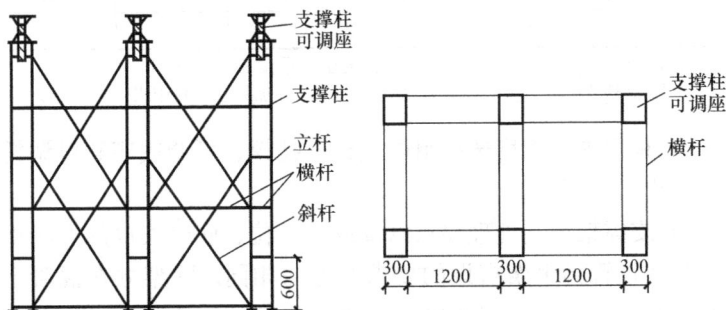

图 6-12　支撑柱支撑架构造

2. 碗扣式钢管模板支撑架搭设

（1）施工准备

1）根据施工要求，选定支撑架的形式及尺寸，画出组装图。支撑架在各种荷载作用下，每根立杆可支撑的面积见表 6-2。应根据所承受的荷载选择立杆的间距和步距。

混凝土厚度 (cm)	支撑总荷载（kN/m²）					每根立杆可支撑面积 S（m²）
	混凝土重 P1	模板楞条 P2	冲击荷重 P3＝P1×30%	人行机具动荷载 P4	总计 ∑P	
10	2.4	0.45	0.72	2	5.57	5.39
15	3.6	0.45	1.08	2	7.13	4.21
20	4.8	0.45	1.44	2	8.69	3.45
25	6.0	0.45	1.8	2	10.25	2.93
30	7.2	0.45	2.16	2	11.81	2.54
40	9.6	0.45	2.88	2	14.93	2.01
50	12.0	0.45	3.60	2	18.05	1.66
60	14.4	0.45	4.32	2	21.17	1.42
70	16.8	0.45	5.04	2	24.29	1.24
80	19.2	0.45	5.76	2	27.41	1.09
90	21.6	0.45	6.48	2	30.53	0.98
100	24.0	0.45	7.2	2	33.65	0.89
110	26.4	0.45	7.92	2	36.77	0.82
120	28.8	0.45	8.64	2	39.89	0.75

注：1. 立杆承载力按每根 30kN 计，混凝土容重按 24kN/m³ 计；
   2. 高层支撑架还要计算支撑架构件自重，并加到总荷载中去。

2）根据支撑高度选择组配立杆、托撑、可调底座和可调托座，列出材料明细表。

3）支撑架地基处理要求以及放线定位、底座安放的方法均与碗扣式钢管脚手架搭设的要求及方法相同。除架立在混凝土等坚硬基础上的支撑架底座可用立杆垫座外，其余均应设置立杆可调底座。在搭设与使用过程中，应随时注意基础沉降；对悬空的立杆，必须调整底座，使各杆件受力均匀。

（2）支撑架搭设

1）竖立杆

立杆安装同脚手架。第一步立杆的长度应一致，使支撑架的各立杆接头在同一水平面上，顶杆仅在顶端使用，以便能插入底座。

在竖立杆时应及时设置扫地杆，设置同普通脚手架的要求。

2）安放横杆和斜杆

横杆、斜杆安装同脚手架。在支撑架四周外侧设置斜杆。斜杆可在框架单元的对角节点布置，也可以错节设置。

3）安装横托撑

横托撑可用作侧向支撑，设置在横杆层，并两侧对称设置。如图 6-13 所示，横托撑一端由碗扣接头同横杆、支座架连接，另一端插上可调托座，安装支撑横梁。

4）支撑柱搭设

支撑柱由立杆、顶杆和 0.30m 横杆组成（横杆步距 0.6m），其底部设支座，顶部设可调座（图 6-14），支柱长度可根据施工要求确定。

支撑柱下端装普通垫座或可调垫座，上墙装入支座柱可调座（图 6-14b），斜支撑柱下端可采用支撑柱转角座，其可调角度为 ±10°（图 6-14a），应用地锚将其固定牢固。

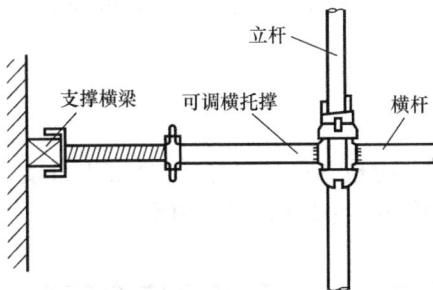

图 6-13　横托撑设置构造

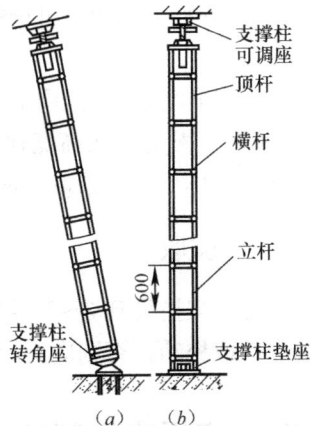

图 6-14　支撑柱构造

支撑柱的允许荷载随高度的加大而降低：$H \leqslant 5m$ 时为 140kN；$5 < H \leqslant 10m$ 时为 120kN；$10m < H \leqslant 15m$ 时为 100kN。当支撑柱间用横杆连成整体时，其承载能力将会有所提高。支

撑柱也可以预先拼装，现场可整体吊装以提高搭设速度。

（3）碗扣式模板支撑架安全技术要求

1）模板支撑架斜杆设置应符合下列要求：

① 当立杆间距大于 1.5m 时，应在拐角处设置通高专用斜杆，中间每排每列应设置通高八字形斜杆或剪刀撑。

② 当立杆间距小于或等于 1.5m 时，模板支撑架四周从底到顶连续设置竖向剪刀撑。中间纵、横向连续由底到顶设置竖向剪刀撑，其间距应小于或等于 4.5m。

③ 模板支撑架高度超过 4m 时，应在四周拐角处设置专用斜杆或四面设置八字斜杆，并在每排每列设置一组通高十字撑或专用斜杆。

④ 剪刀撑的斜杆与地面夹脚应在 45°～60°之间，斜杆应每步与立杆扣接。

2）当模板支撑架高度大于 4.8m 时，顶部和底部必须设置水平剪刀撑。中间水平剪刀撑设置间距应不大于 4.8m。

3）立杆上端包括可调螺杆伸出顶层水平杆的长度不得大于 0.7m。

4）当模板支撑架周围有主体结构时，应设置连墙件。

5）模板支撑架高宽比应不得超过 2。若大于 2，可采取扩大下部架体尺寸或采取其他构造措施。

3. 检查验收

支撑架搭设到 3～5 层时，应检查每个立杆（柱）底座下是否浮动或松动，否则应旋紧可调底座或用薄铁片填实。

（四）模板支撑架的检查、验收和使用安全管理

1. 使用前的检查验收

模板支撑及满堂脚手架组装完毕后应对下列各项内容进行

检查验收：

（1）门架设置情况。

（2）交叉支撑、水平架及水平加固杆、剪刀撑及脚手板配置情况。

（3）门架横杆荷载状况。

（4）底座、顶托螺旋杆伸出长度。

（5）扣件紧固扭力矩。

（6）垫木情况。

（7）安全网设置情况。

2. 安全使用注意事项

（1）可调底座顶托应采取防止砂浆、水泥浆等污物填塞螺纹的措施。

（2）不得采用使门架产生偏心荷载的混凝土，浇筑采用泵送混凝土时应随浇随捣随平整混凝土，不得堆积在泵送管路出口处。

（3）应避免装卸物料对模板支撑和脚手架产生偏心振动和冲击。

（4）交叉支撑、水平加固杆剪刀撑不得随意拆卸，因施工需要临时局部拆卸时，施工完毕后应立即恢复。

（5）拆除时应采用先搭后拆的施工顺序。

（6）拆除模板支撑及满堂脚手架时应采用可靠安全措施严禁高空抛掷。

（五）模板支撑架拆除

模板支撑架必须在混凝土结构达到规定的强度后才能拆除。表 6-3 是各类现浇构件拆模时必须达到的强度要求。

支撑架的拆除要求与相应脚手架拆除的要求相同。

现浇结构拆模时所需混凝土强度　　　　表 6-3

项次	结构类型	结构跨度（m）	按达到设计混凝土强度标准值的百分率计（%）
1	板	≤2 >2，≤8 >8	50% 75% 100%
2	梁、拱、壳	≤8 >8	75% 100%
3	悬臂构件	—	100%

支撑架的拆除，除应遵守相应脚手架拆除的有关规定外，根据支撑架的特点，还应注意：

（1）支撑架拆除前，应由单位工程负责人对支撑架作全面检查，确定可拆除时，方可拆除。

（2）拆除支撑架前应先松动可调螺栓，拆下模板并运出后，才可拆除支撑架。

（3）支撑架拆除应从顶层开始逐层往下拆，先拆可调托撑、斜杆、横杆，后拆立杆。

（4）拆下的构配件应分类捆绑、吊放到地面，严禁从高空抛掷到地面。

（5）拆下的构配件应及时检查、维修、保养。

变形的应调整，油漆剥落的要除锈后重刷漆；对底座、调节杆、螺栓螺纹、螺孔等应清理污泥后涂黄油防锈。

（6）门架宜倒立或平放。平放时应相互对齐，剪刀撑、水平撑、栏杆等应绑扎成捆堆放。其他小配件应装入木箱内保管。

构配件应储存在干燥通风的库房内。如露天堆放，场地必须选择地面平坦、排水良好，堆放时下面要铺地板，堆垛上要加盖防雨布。

七、其他脚手架

(一) 卸料平台

在多层和高层建筑施工中，经常需要搭设卸料平台，将无法用井架或电梯提运的大件材料、器具和设备用塔式起重机先吊运至卸料平台上后，再转运至使用地点。卸料平台按其悬挑方法有三种：悬挂式、斜撑式和脚手式，如图 7-1 所示。

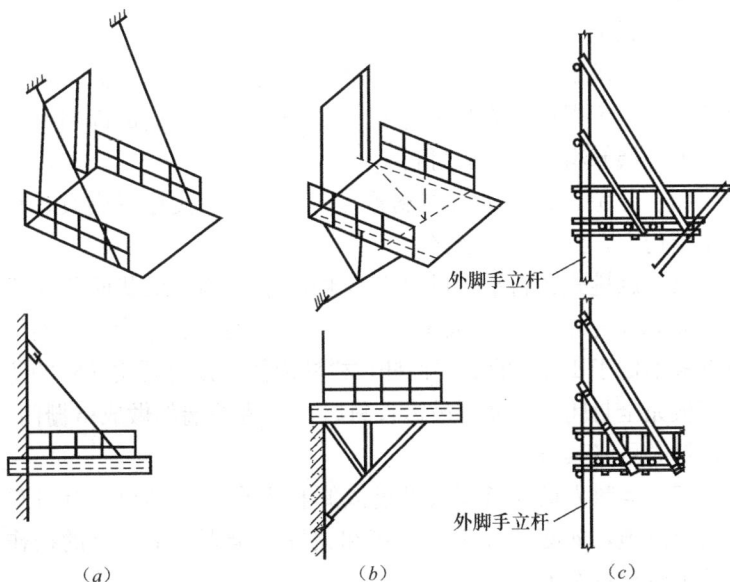

图 7-1　卸料平台
(a) 悬挂式；(b) 斜撑式；(c) 脚手式

卸料平台的规格应根据施工中运输料具、设备等的需要来确定，一般卸料平台的宽度为 2～4m，悬挑长度为 3～5m。根据规范规定，由于卸料平台的悬挑长度和所受荷载都要比悬挑脚手架大得多，因此在搭设之前要先进行设计和验算，并按设计要求进行加工和安装。

目前，一般的悬挑式卸料平台由定型制作的料台、钢丝绳及对应的卡扣、结构上预埋的锚固环和拉环及一些起固定作用的小配件组成。卸料平台的施工必须由专业的技术人员按照现行的规范进行设计，并编写专项施工方案，计算书和图纸也应在方案中体现。在施工前应由项目技术负责人对作业人员进行相应的安全技术交底，并对卸料平台及周边的环境进行检查，做好安全防护措施。

在搭设卸料平台时，有以下几点要求和注意事项：

（1）卸料平台应设置在窗口部位，要求台面与楼板齐平或搁置在楼板上。

（2）要求上、下层的卸料平台在建筑物的垂直方向上必须错开布置，不得搭设在同一平面位置内，以免下面的卸料平台阻碍上一层卸料平台吊运材料。

（3）悬挑式卸料平台的搁置点、拉结点、支撑点应设置在主体结构上，且应可靠连接。

（4）悬挑式卸料平台的外侧应略高于内侧，承载面积应不大于20m²，长宽比应不大于1.5：1，要求在卸料平台的三面均应设置不低于1.5m的防护栏杆，栏杆内侧宜设置硬质材料的防护挡板完全封闭。当需要吊运长料时，可将外端部做成格栅门，运长料时可将其打开。

（5）运料人员或指挥人员进入卸料平台时，必须要有可靠的安全措施，如必须挂牢安全带和戴好安全帽。平台上的操作人员不应超过2人。

（6）当悬挑式操作平台安装时，钢丝绳应采用专用的卡环连接，钢丝绳卡数量应与钢丝绳直径相匹配，且不得少于4个。钢丝绳卡的连接方法应满足规范要求。建筑物锐角利口周围系钢丝绳处应加衬软垫物。

（7）卸料平台搭设好后，必须经项目技术负责人和专职安全员检查验收合格后，方可进行使用。

（8）卸料平台在使用期间，必须加强管理，应指挥专人负责检查。发现有安全隐患时，要立即停止使用，以防止发生重大安全事故。

（二）移动式操作平台

操作平台是指现场施工中用以站人、载料并可进行施工操作的平台。

移动式操作平台是指可以搬移的用于结构施工、室内装饰和水电安装等的操作平台。

使用时，移动式操作平台必须符合下列规定：

（1）操作平台应由专业技术人员按现行的相应规范进行设计，计算书及图纸应编入施工组织设计。

（2）操作平台的面积不应超过 $10m^2$，高度不应超过 5m。同时还应进行稳定验算，并采取措施减少立柱的长细比。

（3）装设轮子的移动式操作平台，轮子与平台的接合处应牢固可靠，立柱底端离地面不得超过 80mm。

（4）操作平台可采用 $\Phi48.3\times3.6$mm 钢管以扣件连接，亦可采用门架式或承插式钢管脚手架部件，按产品使用要求进行组装。平台的次梁，间距不应大于 40cm。

（5）操作平台台面应满铺脚手板。四周必须按临边作业要求设置防护栏杆，并应布置登高扶梯。

1. 扣件式钢管移动操作平台

高大厅堂的顶棚油漆、局部处理和装修工程施工中，为了节约脚手架材料，可在轻型平台架底部装设硬胶轮或将平台架设在若干辆架子车底盘上，使整个平台架可在地坪上移动。扣件钢管移动式操作平台构造形式如图 7-2 所示。

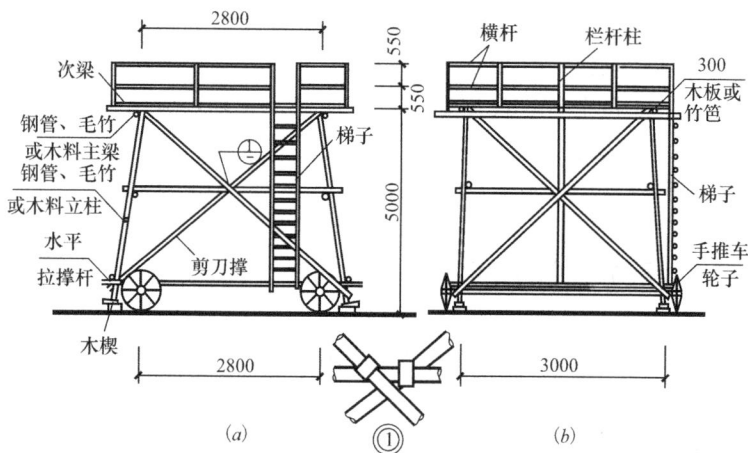

图 7-2　扣件钢管移动式操作平台

（a）立面图；（b）侧面图

2. 碗扣式钢管移动操作平台

当不需要大面积作业时，可采用多层单元框架，下配脚轮，组成可行走脚手架工作台，主要用于轻型作业，其构造如图 7-3 所示。塔架四侧装设斜杆，在较窄一侧立面立杆上每隔 0.6m 连续安装一窄挑梁作爬梯。各单元塔架搭设高度可按表 7-1 设置。

框架结构 长×宽×高 (m×m×m)	排距为 1.2m	1.5×1.5 ×1.5	1.8×1.5 ×1.8	1.8×1.8 ×1.8	1.2×0.9 ×1.8
搭设高度 (m)	4.8	7.2		9.0	2.7

单元塔架搭设高度　表 7-1

作业荷载按均布荷载 1.1kN/m² 、集中荷载 2.0kN 考虑，但施工总荷载应小于 3.0kN。要求脚轮能承受 5.0kN 的荷载，并能制动。如脚轮无制动力矩或作业荷载较大，要求高度较高时，可采用底部增加承载立杆或在就位后加设斜支撑或拉绳予以临时固定的办法来增强其稳定性。

3. 门架式钢管移动操作平台

用门架搭设的活动操作平台，底部设有带丝杠千斤顶的行走轮以调节高度，并利用门架的梯步上下人，可不用搭人梯。当小平台面积不够时，也可用几排几行梯形门架组成大平台。图 7-4 所示为一榀门架组成的移动操作平台。

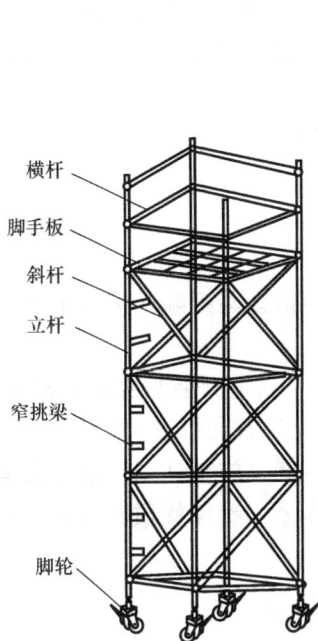

横杆

脚手板

斜杆

立杆

窄挑梁

脚轮

图 7-3　碗扣式钢管移动操作平台　　图 7-4　门架式钢管移动操作平台

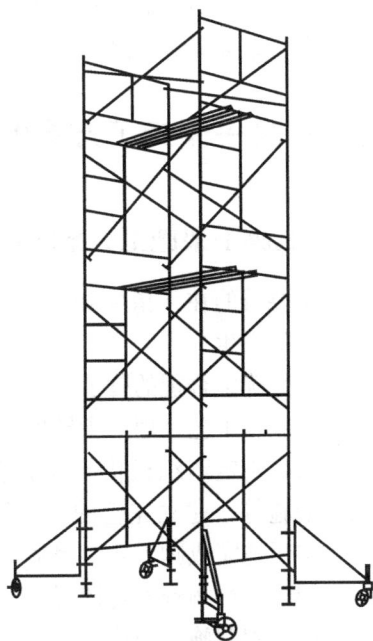

八、脚手架施工安全技术管理

脚手架工程是整个施工生产中的一个重要组成部分，各种脚手架在施工前要编制单独的施工方案，方案要经技术和安全部门等审批后方可实施。脚手架搭设完毕后要经验收合格后方可使用。

（一）脚手架施工方案的编制

1. 编制脚手架施工方案的目的

主要目的在于指导脚手架工程的搭设与拆除，预防重大安全事故的发生。

（1）确定合理的脚手架方案选型，制定脚手架的施工方法、构造与施工工艺，用于指导现场脚手架工程的搭设与拆除。

（2）制定组织机构与人员组成方案、施工计划、施工安全保证措施等，建立完整的施工管理体系，确保优质、高效、安全、文明地完成脚手架工程施工任务。

（3）进行物资筹备计划。

（4）编制施工预算。

科学、合理、正确的施工方案，是脚手架工程施工质量的重要保证，为脚手架工程提供较为完整的纲领性技术文件，对于加强建设工程安全生产管理、指导施工现场的安全文明施工、预防重大安全事故的发生具有重要的指导作用。

2. 编制脚手架施工方案的基本原则与依据

（1）基本原则

1）必须从实际出发，切实可行，符合现场的实际情况，有实现的可能性。

制定施工方案在资源、技术上提出的要求应该与当时已有的条件或在一定时间能争取到的条件相吻合，否则无法实现，因此只有在切实可行的范围内尽量求其先进和快速。

2）满足合同要求的工期。在制定施工方案时，必须保证在搭设进度上配合工程主体施工进度计划的要求。

3）确保脚手架工程搭设质量和施工安全。工程建设是百年大计，要求质量第一，保证施工安全是社会的要求。因此，在制定方案时应充分考虑工程质量和施工安全，并提出保证工程质量和施工安全的技术组织措施，使方案完全符合技术规范、操作规范和安全规程的要求。

4）在合同价控制下，尽量降低施工成本，使方案更加经济合理，增加施工生产的盈利。

（2）编制依据

施工方案的编制依据单位工程施工组织设计和工程施工图纸以及与建筑安装工程相关的现行法律法规、规范性文件、标准、规范、规程及企业制度及国标图集。可以摘录与工程相关的规范和标准。列举顺序一般是先列出施工组织设计和施工图纸，再列出与工程直接相关的规范和标准，接着写间接相关的，最后写一些地方的管理办法。列表或者分行写均可。

例如：

1）本工程的施工组织设计。

2）本工程的施工图纸。

3）《建筑施工扣件式钢管脚手架安全技术规范》JGJ 130—2011。

4）《建筑施工高处作业安全技术规范》JGJ 80—2016。

5）《建筑施工安全检查标准》JGJ 59—2011。

6）其他（工程地质勘察报告、同类工程施工经验、企业工法等）。

3. 脚手架施工方案的内容

脚手架属于危险性较大的分部分项工程，按住房和城乡建设部建质［2009］87 号文的规定，应编制安全专项施工方案。除了列出编制依据、准备相关图纸外，要包括以下内容。

(1) 工程概况

危险性较大的分部分项工程概况、施工平面布置、施工要求和技术保证条件。包括建筑物层数、总高度以及结构形式，并注明非标准层和标准层的层高，拟搭设脚手架的类型、总高度，如"沿建筑物周边搭设双排扣件式钢管脚手架，局部搭设挑架和外挂架"等，并说明该脚手架是用于结构施工还是装修施工。

(2) 施工条件

说明脚手架搭设位置的地基情况，是搭在回填土上还是搭在混凝土上（如车库顶板、裙房顶板等）。说明材料来源，是自有还是外租，便于查询生产厂家的资质情况。标准件的堆放场地是在施工现场还是其他场地，周围要设围护并放专人管理，便于施工中调度。

(3) 施工准备

施工单位必须是具有相应资质（包括安全生产许可证）的法人单位，所有架子工必须具备《特种作业操作证》，并接受进场三级安全教育，并签发考核合格证。架子工的数量要和工程相匹配，根据工程施工的进度提供脚手架搭设的具体施工进度计划，并提出杆、配件、安全网等进场计划表，列出材料与设备计划，供物资部门参考。

(4) 组织机构

成立脚手架搭设管理小组，包括施工负责人、技术负责人、安全总监、专职安全生产管理人员、搭设班组负责人等，小组成员既要分工明确，又做到统一协调。施工班组架子工的数量要提出要求并登记造册。

（5）主要施工方法

明确地基的处理方法，如采用回填土要取样进行承载力试验。

脚手架选型，双排或者单排，周圈封闭式还是开口式。局部位置处理，脚手架连墙件拉结点如需预埋件或在墙上预留孔洞，需在方案中说明并标准相应位置。

因施工条件限制，需同时搭设几种架子时，如外墙采用挂架，阳台部位采用挑架等，要提前安排好进度、工艺等工作。材料配件的垂直运输方式，是采用塔式起重机还是其他设备。

（6）脚手架构造

说明脚手架高度、长度、立杆步距、立杆纵距、立杆横距、剪刀撑设置位置及角度。

连墙件要根据规范要求进行布设，若因建筑结构原因不能按规范尺寸拉结时，要采取相应措施并进行计算，确保架体稳定安全。

（7）脚手架施工工艺

根据建筑施工场地的具体情况和脚手架技术参数制定工艺流程，如基础做法、立杆底部处理等，并制定架子搭设的顺序。脚手架使用的注意事项；脚手架的安全防护；脚手架的拆除顺序；检查验收等。

（8）脚手架的计算

1）荷载计算

2）立杆稳定计算

3）横向水平杆挠度计算

4）纵向水平杆抗弯强度计算

5）扣件抗滑承载力验算

6）地基承载力验算

7）穿墙螺栓受力验算（外挂架）

（9）安全措施

制定施工安全保证措施，包括组织保障、技术措施、应急预案、监测监控等。

（二）安全技术交底

1. 目的

为确保实现安全生产管理目标、指标，规范安全技术交底工作，确保安全技术措施在工程施工过程中得到落实，按不同层次、不同要求和不同方式进行，使所有参与施工的人员了解工程概况、施工计划，掌握所从事工作的内容、操作方法、技术要求和安全措施等，确保安全生产，避免发生生产安全事故。

2. 依据

（1）施工图纸、施工图说明文件（包括有关设计人员对涉及施工安全的重点部位和环节方面的注明、对防范生产安全事故提出的指导意见，以及采用新结构、新材料、新工艺和特殊结构时设计人员提出的保障施工作业人员安全和预防生产安全事故的措施建议）。

（2）施工组织设计、安全技术措施、专项安全施工方案。

（3）相关工种的安全技术操作规程。

（4）《建筑施工安全检查标准》JGJ 59—2011、《建筑施工扣件式钢管脚手架安全技术规范》JGJ 130—2011、《施工现场临时用电安全技术规范》JGJ 46—2005、《建筑施工高处作业安全技术规范》JGJ 80—2016等国家、行业的标准、规范。

（5）地方法规及其他相关资料。

（6）建设单位或监理单位提出的特殊要求。

3. 职责分工

（1）工程项目开工前，由施工组织设计编制人、审批人向参加施工的施工管理人员（包括分包单位现场负责人、安全管理员)、班组长进行施工组织设计及安全技术措施交底。

（2）分部分项工程施工前、专项安全施工方案实施前，由方案编制人会同施工员将安全技术措施、施工方法、施工工艺、施工中可能出现的危险因素、安全施工注意事项等向参加施工的全体管理人员（包括分包单位现场负责人、安全管理员）、作业人员进行交底。

（3）每道施工工序开始作业前，项目部生产副经理（或施工员）向班组及班组全体作业人员进行安全技术交底。

（4）新进场的工人参加施工作业前，由项目部安全员及项目部现场管理人员进行工种交底。

（5）每天上班作业前，班组长负责对本班组全体作业人员进行班前安全交底。

4. 基本要求

（1）工程项目安全技术交底必须实行三级交底制度。

由项目经理部技术负责人向施工员、安全员进行交底；施工员、安全员向施工班组长进行交底；施工班组长向作业人员交底，分别逐级进行。

工程实行总、分包的，由总包单位项目技术负责人向分包单位现场技术负责人，分包单位现场技术负责人向施工班组长，施工班组长向作业人员分别逐级进行交底。

（2）安全技术交底应具体、明确、针对性强。交底的内容必须针对分部分项工程施工时给作业人员带来的潜在危险因素和存在的问题而编写。

（3）安全技术交底应优先采用新的安全技术措施。

（4）工程开工前，应将工程概况、施工方法、安全技术措施等情况，向工地负责人、工长进行详细交底。必要时直至向参加施工的全体员工进行交底。

（5）两个以上施工队或工种配合施工时，应按工程进度定期或不定期地向有关施工单位和班组进行交叉作业的安全书面交底。

（6）工长安排班组长工作前，必须进行书面的安全技术交底，班组长要每天对作业人员进行施工要求、作业环境等书面安全交底。

（7）交底应采用口头详细说明（必要时应作图示详细解释）和书面交底确认相结合的形式。各级书面安全技术交底应有交底时间、内容及交底人和接受交底人的签字，并保存交底记录。交底书要按单位工程归放在一起，以备查验。

（8）交底应涉及与安全技术措施相关的所有员工（包括外来务工人员），对危险岗位应书面告知作业人员岗位的操作规程和违章操作的危害。

（9）安全技术交底时应针对危险部位的安全警示标志的悬挂、拆除提出具体要求，包括施工现场入口处、洞、坑、沟、升降口、危险性气、液体及夜间警示牌、灯。

（10）高空及沟槽作业应对具体的技术细节及日常稳定状态的巡视、观察、支护的拆除等提出要求。

（11）涉及特殊持证作业及女工作业的情况时，技术交底内容还应充分参考相关法律、法规的内容进行。

（12）出现下列情况时，项目经理、项目总工程师或安全员应及时对班组进行安全技术交底。

1）因故改变安全操作规程。

2）实施重大和季节性安全技术措施。

3）推广使用新技术、新工艺、新材料、新设备。

4）发生因工伤亡事故、机械损坏事故及重大未遂事故。

5）出现其他不安全因素、安全生产环境发生较大变化。

5. 内容

（1）工程项目、分部分项工程、工序的概况、施工方法、施工工艺、施工流程等常规内容。

（2）工程项目、分部分项工程、工序的特点和危险点。

（3）作业条件、作业环境、天气状况和可能遇到的不安全因素。

（4）劳动纪律。

（5）针对危险点采取的具体防范措施。

（6）施工机械、机具、工具的正确使用方法。

（7）个人劳动防护用品的正确使用方法。

（8）作业中应注意的安全事项。

（9）作业人员应遵守的安全操作规程和规范。

（10）作业人员发现事故隐患应采取的措施和发生事故后的紧急避险方法和应急措施。

（11）其他需说明的事项。

6. 主要项目

确定安全技术交底项目时，应结合作业现场的实际情况确定危险部位和人群，组织详实的技术交底。一般情况下除了施工工种安全技术交底以外，交底的项目还包括：

2m以上的高空作业、基坑支护与降水作业、土石方开挖作业、板施工作业、脚手架作业、机电设备作业、季节性施工作业、洞口及临边作业、顶管及地下连续墙作业、沉井及挖孔、钻孔作业、起重作业、大型或特种作业构件运输、动力机械操作作业、施工临时用电、深基坑、地下暗挖施工等。

作业现场还应对如下情况进行安全技术交底：

（1）易燃、易爆物品及危险化学品的使用与贮存。

（2）使用新技术、新工艺、新设备、新技术的工程作业。

（3）建设单位或结合专项活动提出的作业活动。

（4）其他需要进行安全技术交底的作业活动。

7. 监督检查

（1）公司的相关职能部门在进行安全检查时，同时检查项目经理部的安全技术交底工作。

（2）项目部技术负责人、安全员负责监督检查生产副经理、施工员、班组长的安全技术交底工作。应对每项工程技术交底情况及时进行监督。

8. 记录

项目部安全员须参加并监督除班组安全交底以外的所有类型安全技术交底，并负责收集、保存交底记录；交底双方应履行签字手续，各保留一套交底文件，书面交底记录应在技术、施工、安全三方备案。

（三）安全管理基础知识

安全管理，是指管理者对安全生产工作进行的立法（法律、条例、规程）和建章立制，策划、组织、指挥、协调、控制和改进的一系列活动。其目的是保证在生产经营活动中的人身安全、财产安全，促进生产的发展，保持社会的稳定。

施工项目安全管理，就是施工项目在施工过程中，组织安全生产的全部管理活动。通过对生产要素过程控制，使生产要素的不安全行为和状态减少或消除，达到减少一般事故，杜绝伤亡事故，从而保证安全管理目标的实现。

1. 安全生产方针政策

（1）我国现行的安全生产方针

加强安全生产管理，必须要坚持"安全第一、预防为主、综合治理"的安全生产方针。"安全第一"是安全生产方针的基础；"预防为主"是安全生产方针的核心和具体体现，是实施安全生产的根本途径；生产必须安全，安全促进生产。

（2）我国当前的安全生产管理体制

1993年，国务院在《关于加强安全生产工作的通知》中提出实行"企业负责、行业管理、国家监察、群众监督、劳动者遵章守纪"的安全生产管理体制。

2. 安全生产管理原则

（1）坚持"管生产必须管安全"的原则

"管生产必须管安全"原则是指企业各级领导和全体员工在生产过程中必须坚持在抓生产的同时抓好安全工作。

"管生产必须管安全"原则是任何企业必须坚持的基本原则。国家和企业就是要保护劳动者的安全与健康，保证国家财产和人民生命财产的安全，尽一切努力在生产和其他活动中避免一切可以避免的事故；其次，企业的最优化目标是高产、低耗、优质、安全。忽视安全，片面追求产量、产值，是无法达到最优化目标的。伤亡事故的发生，不仅会给企业，还可能给环境、社会，乃至在国际上造成恶劣影响，造成无法弥补的损失。

"管生产必须管安全"的原则体现了安全和生产的统一，生产和安全是一个有机的整体，两者不能分割更不能对立起来，应将安全寓于生产之中，生产组织者在生产技术实施过程中，应当承担安全生产的责任。把"管生产必须管安全"的原则落实到每个员工的岗位责任制上去，从组织上、制度上固定下来，以保证这一原则的实施。

（2）坚持"三同时"原则

"三同时"，指凡是我国境内新建、改建、扩建的基本建设工程项目、技术改造项目和引进的建设项目，其劳动安全卫生设施必须符合国家规定的标准，必须与主体工程同时设计、同时施工、同时投入生产和使用。

（3）坚持"四不放过"原则

"四不放过"是指在调查处理事故时，必须坚持事故原因分析不清楚不放过，员工及事故责任人受不到教育不放过，事故隐患不整改不放过，事故责任人不处理不放过。

（4）坚持"五同时"原则

"五同时"是指企业的领导和主管部门在策划、布置、检查、总结、评价生产经营的时候，应同时策划、布置、检查、总结、评价安全工作。把安全工作落实到每一个生产组织管理环节中去，促使企业在生产工作中把对生产的管理与对安全的管理结合起来，并坚持"管生产必须管安全"的原则。使得企业在管理生产的同时必须贯彻执行我国的安全生产方针及法律法规，建立健全企业的各种安全生产规章制度，包括根据企业自身特点和工作需要设置安全管理专门机构，配备专职人员。

3. 施工项目安全管理

（1）安全生产责任制

建立和健全以安全生产责任制为中心的各项安全管理制度，是保障施工项目安全生产的重要组织手段。没有规章制度，就没有准绳，无章可循就容易出问题。安全生产关系到施工企业全员、全方位、全过程的一件大事，因此，必须制定具有制约性的安全生产责任制。

安全生产责任制是企业岗位责任制的一个重要组成部分，是企业安全管理中最基本的一项制度，是根据"管生产必须管安全"、"安全生产，人人有责"的原则，对各级领导、各职能部门和各类人员在管理和生产活动中应负的安全责任作出明确规定。

施工项目安全管理制度包括建立安全管理体系，制定施工安全管理责任制，掌握施工安全技术措施，做好施工安全技术措施交底，加强安全生产定期检查、安全教育与培训工作以及掌握伤亡事故的调查与处理程序等各方面。

（2）建立安全管理体系的目标

1）使员工面临的风险减少到最低限度。

2）直接或间接获得经济效益。

3）实现以人为本的安全管理。

4）提升企业的品牌和形象。

5）促进项目管理现代化。

6）增强对国家经济发展的能力。

（3）施工项目安全管理的目标

1）项目经理为施工项目安全生产第一责任人，对安全生产应负全面的领导责任，实现重大伤亡事故为零的目标。

2）有适合于工程项目规模、特点的应用安全技术。

3）应符合国家安全生产法律、行政法规和建筑行业安全规章、规程及对业主和社会要求的承诺。

4）形成全体员工所理解的文件，并保持实施。

（4）安全生产管理机构

每一个建筑施工企业，都应当建立健全以企业法人为第一责任人的安全生产保证系统，都必须建立完善的安全生产管理机构。

1）公司一级安全生产管理机构

公司应设立以法人为第一责任者分工负责的安全管理机构，根据本单位的施工规模及职工人数设置专职安全生产管理部门并配备专职安全员。根据规定特级企业安全员配备不应少于25人，一级企业不应少于15人，二级企业不应少于10人，三级企业不应少于5人。建立安全生产领导小组，实行领导小组成员轮流进行安全生产值班制度。随时解决和处理生产中的安全问题。

2）工程项目部安全生产管理机构

工程项目部是施工第一线的管理机构，必须依据工程特点，建立以项目经理为首的安全生产领导小组，小组成员由项目经理、项目技术负责人、专职安全员、施工员及各工种班组的领班组成。工程项目部应根据工程规模大小，配备专职安全员。建立安全生产领导小组成员轮流安全生产值日制度，解决和处理施工生产中的安全问题并进行巡回安全生产监督检查。要建立每周一次的安全生产例会制度和每日班前安全讲话制度，项目经理应亲自主持定期的安全生产例会，协调安全与生产之间的矛盾，督促检查班前安全讲话活动的活动记录。

项目施工现场必须建立安全生产值班制度。24 小时分班作业时，每班组必须要有领导值班和安全管理人员在现场。做到只要有人作业，就有领导值班。值班领导应认真做好安全生产值班记录。

3）生产班组安全生产管理

加强班组安全建设是安全生产管理的基础。每个生产班组都要设置不脱产的兼职安全员，协助班组长搞好班组的安全生产管理。班组要坚持班前班后岗位安全检查、安全值日和安全日活动制度，同时要做好班组的安全记录。

（5）安全生产管理基本要求

1）取得《安全生产许可证》后方施工。

2）必须建立健全安全管理保障制度。

3）各类人员必须具备相应的安全生产资格方可上岗。

4）所有外包施工人员必须经过三级安全教育。

5）特种作业人员，必须持有特种作业操作证。

6）对查出的安全隐患要做到"五定"，即定整改责任人、定整改措施、定整改完成时间、定整改完成人、定整改验收人。

7）必须把好安全生产教育关、措施关、交底关、防护关、文明关、验收关、检查关。

8）必须建立安全生产值班制度、必须有领导带班。

4. 安全检查、验收与文明施工

安全检查是指对施工项目贯彻安全生产法律法规的情况、安全生产状况、劳动条件、事故隐患等所进行的检查。

近几年，与脚手架有关的伤亡事故时有发生，事故类型遍及"六大伤害"，其中绝大多数为高处坠落事故。因此架子工作业，尤其要注意安全防护。文明施工不仅是保证职工身心健康的措施，而且是达到安全施工的一项保证条件，"三宝"、"四口"、临边的使用管理更是保障安全施工的重要措施之一。为了加强自我保护意识和防护能力，必须了解机械和设施的安全要求标准知识，掌握脚手架的安全技术规范，努力做到"四不伤害"，即不伤害自己，不伤害他人，不被他人伤害，保护他人不受伤害。

（1）安全检查的内容

安全检查的内容主要是查思想、查制度、查机械设备、查安全设施、查安全教育培训、查操作行为、查劳保用品使用、查伤亡事故的处理等。

（2）安全检查的方法

安全检查的方法主要有"看"：主要查看管理记录、持证上岗、现场标识、交接验收资料、"三宝"使用情况、"洞口"、"临边"防护情况、设备防护装置等。

"量"：主要是用尺实测实量。

"测"：用仪器、仪表实地进行测量。

"现场操作"：由司机对各种限位装置进行实际动作，检验其灵敏程度。

（3）安全检查的主要方式

检查方式有公司组织的定期的安全检查，各级管理人员的日常巡回检查，专业安全检查，季节性节假日安全检查，班组自我检查、交接检查。

1）定期安全生产检查

企业必须建立定期分级安全生产检查制度。每季度组织一次全面的安全生产检查；分公司、工程处、工区、施工队每月组织一次安全生产检查；项目经理部每周或每旬组织一次安全生产检查。对施工规模较大的工地可以每月组织一次安全生产检查。每次安全生产检查应由单位主管生产的领导或技术负责人带队，有相关的安全、劳资、保卫等部门联合组织检查。

2）经常性安全生产检查

包括公司组织的、项目经理部组织的安全生产检查，项目安全员和安全值日人员对工地进行巡回安全生产检查及班组进行班前班后安全检查等。

3）专业性安全生产检查

专业安全生产检查内容包括对电气、机械设备、脚手架、登高设施等专项设施设备、高处作业、用电安全、消防保卫等的安全生产问题和普遍性安全问题进行专项安全检查。这类检查专业性强，也可以结合单项评比进行，专业安全生产检查组由安全管理小组、职能部门人员、技术负责人、专职安全员、专业技术人员和专项作业负责人组成。

4）季节性安全生产检查

季节更换前，由安全生产管理人员和安全专职人员、安全值日人员等组织的针对施工所在地气候的特点可能给施工带来危害而进行的安全生产检查。

5）节假日前后安全生产检查

是针对节假日前后职工思想松懈而进行的安全生产检查。

6）自检、互检和交接检查

① 自检：班组作业前、后对自身处所的环境和工作程序要进行安全生产检查，可随时消除安全隐患。

② 互检：班组之间开展的安全生产检查。可以做到互相监督、共同遵章守纪。

③ 交接检查：上道工序完毕，交给下道工序使用或操作前，应由工地负责人组织施工员、安全员、班组长及其他有关人员参加，进行安全生产检查和验收，确认无安全隐患，达到合格要求后，方能交给下道工序使用或操作。

7）对塔式起重机等起重设备、井字架、龙门架、脚手架、电气设备、吊篮，现浇混凝土模板及支撑等设施设备在安装搭设完成后进行安全验收、检查。

（4）安全生产验收制度

必须坚持"验收合格才能使用"的原则。

1）验收的范围：

① 各类脚手架、井字架、龙门架、堆料架。

② 临时设施及沟槽支撑与支护。

③ 支搭好的水平安全网和立网。

④ 临时电气工程设施。

⑤ 各种起重机械、路基轨道、施工电梯及其他中小型机械设备。

⑥ 安全帽、安全带和护目镜、防护面罩、绝缘手套、绝缘鞋等个人防护用品。

2）验收程序：

① 脚手架杆件、扣件、安全网、安全帽、安全带以及其他个人防护用品，必须有出厂证明或验收合格的单据，由项目经理、工长、技术人员共同审验。

② 各类脚手架、堆料架、井字架、龙门架和支搭的安全网、立网由项目经理或技术负责人申报支搭方案并牵头，会同工程部和安全主管进行检查验收。

③ 临时电气工程设施，由安全主管牵头，会同电气工程师、项目经理、方案制定人、工长进行检查验收。

④ 起重机械、施工电梯由安装单位和使用工地的负责人牵头，会同有关部门检查验收。

⑤ 路基轨道由工地申报铺设方案，工程部和安全主管共同验收。

⑥ 工地使用的中小型机械设备，由工地技术负责人和工长牵头，会同工程部检查验收。

⑦ 所有验收，必须办理书面验收手续，否则无效。

（四）脚手架常见事故原因

脚手架在搭设、使用和拆除过程中发生的安全事故，往往会造成不同程度的人员伤亡和经济损失，甚至出现群死群伤重大事故，带来严重的后果。从事故类型看，高处坠落、物体打击和坍塌事故的发生与脚手架有很大的关系。

2016 年，共发生多起较大事故，模板支撑体系坍塌事故、起重机械事故占较大事故总数的比例较高，模板支架与脚手架工程的坍塌在较大事故类型中居于第一位，足见其高危害性。坍塌事故一旦发生，伤亡极其惨重。这些事故的教训是深刻的，从对事故发生的主要原因的分析中，可以得到许多有益的启示，帮助我们改进安全技术及管理工作，研究制定切实有效的预防措施，不断提高工作针对性和预见性，防止和减少生产安全事故的发生。

1. 脚手架工程的常见问题

脚手架工程，尤其高大模板支架工程，结构和使用环境复杂，安装技术要求高，承受的荷载较大，稍有疏忽，极易发生失稳坍塌。扣件式钢管脚手架是当前我国房屋建筑工程、市政工程使用量最大、应用最普遍的脚手架和模板支架，常见的问题较多，有作业人员资格、施工方案、管理等多个方面的问题，而这些问题的存在往往是导致事故发生的主要原因。

（1）技术管理不到位

1）人员问题

① 从事脚手架、模板支架搭拆作业人员未取得特种作业人员操作证书，无证上岗作业。

② 作业人员未按照规定戴安全帽、系安全带、穿防滑鞋。

③ 身体健康状况不适合脚手架搭设作业。

④ 酒后登高作业。

⑤ 作业人员安全生产意识薄弱。

2）方案问题

① 方案内容不符合安全技术规范规定，搭设方案存在缺陷。

② 方案中未按照规定对地基承载力、立杆、水平杆、连墙件进行计算。

③ 方案编写过于简单，缺少平面、立面图以及节点、构造等详图。

④ 方案缺乏针对性，没有结合施工现场实际情况，不具备

指导施工作用。

⑤ 模板支撑架的专项施工方案中存在支架计算错误，诸如少计算了荷载、未加算分项系数、错算立杆长细比等。

3）安全管理问题

① 未按照规定进行安全技术交底。

② 未按照规定编制脚手架、模板支架专项施工方案。

③ 专项方案未按照规定的程序进行编制审查、专家论证、批准。

④ 未按照方案要求进行搭设、拆除脚手架与模板支架。

⑤ 未按照规定进行分段搭设、分段检查验收便投入使用。

（2）材料配件材质不符合要求

1）扣件所使用材料不合格。

2）扣件变形严重；扣件破损，螺杆螺母滑丝。

3）扣件盖板厚度不足，承载力达不到要求。

4）扣件、底座未做防腐处理；锈蚀严重，承载力严重不足。

5）焊接底座底板厚度不足 8mm，承载力不足。

6）进场钢管没有生产许可证、产品质量合格证。

7）钢管外径 48.3mm，偏差超过 -0.5mm；管壁较薄，壁厚 3.6mm，偏差超过 -0.36mm，小于 3.24mm。

8）新购钢管、扣件未按照规定进行抽样检测检验。

9）钢管、扣件使用前未进行全面检查，质量存在问题。

10）钢管未做防腐处理，锈蚀严重，承载力严重降低。

11）钢管受打孔、焊接等破坏，局部承载力严重不足。

12）木垫板厚度不足 50mm，长度不足两跨。

13）冲压钢脚手板锈蚀严重，竹串片脚手板穿筋松落，承载力严重降低。

（3）搭设不规范

1）基础发生不均匀沉降

① 对软土地基未采取夯实，铺设混凝土垫层等加固处理；

回填土未分层夯实，承载力不足。

② 架体基础四周无排水措施、有积水，基土尤其是湿陷性黄泥土受水浸泡沉陷。

③ 脚手架附近开挖基础、管沟，对脚手架、模板支架基础构成威胁。

④ 基础下的管沟、枯井等未进行加固处理。

⑤ 基础上直接搭设架体或模板支架时，立杆底部未设垫板，或者木垫板面积不够、板厚不足 50mm。

⑥ 立杆底部未设底座或者设置数量不足，底座未安放在垫板中心轴线部位。

⑦ 地基没有进行承载力计算，地基承载力不足。

⑧ 搭在结构上的模板支架，对结构未进行验收复核、加固，结构承载力不足。

2）连墙件设置不符合要求

① 连墙件设置数量严重不足。

② 连墙件与建筑结构连接不牢固。

③ 连墙件与架体连接的连接点位置不在离主节点 300mm 范围内。

④ 违规使用仅能承受拉力、仅有拉筋的柔性连墙件。对高度在 24m 以上的脚手架未采用刚性连墙件。

⑤ 模板支架未按照规定将水平杆尽可能顶靠周围结构。

⑥ 装饰装修、墙体砌筑等阶段，违规随意拆除连墙件。

⑦ 拆除脚手架时，未随拆除进度拆除连墙件，连墙件拆除过多。

3）立杆

① 立杆不顺直，弯曲度超过 20mm。

② 脚手架基础不在同一高度时，靠边坡上方的立杆轴线到边坡的距离不足 500mm。

③ 脚手架未设扫地杆。

④ 扫地杆设置不合理，纵向扫地杆距底座上皮大于 200mm。

横向扫地杆固定在纵向扫地杆以上且间距较大。

⑤ 脚手架底层步距超过 2.0m。

⑥ 立杆偏心荷载过大，顶层顶步以下立杆采用了搭接接长。

⑦ 双立杆中副立杆过短，长度远小于 6.0m。

⑧ 对接接头没有交错布置，同一步内接头较集中。

⑨ 高层脚手架没有局部卸载装置。

⑩ 脚手架与塔式起重机、施工升降机、物料提升机等架体连在一起，或与模板支架连在一起。

⑪ 模板支架柱距过大，分布不均。

⑫ 搭设高度未跟上施工进度，脚手架未高出作业层。

⑬ 落地式卸料平台未单独设置立杆。

⑭ 悬挑工具式卸料平台与脚手架有连接。

4）水平杆、剪刀撑

① 纵向水平杆设在立杆外侧；横向水平杆设在纵向水平杆下。

② 纵向水平杆搭接长度不足 1.0m，用一个或两个旋转扣件连接。

③ 两根相邻纵向水平杆接头设在同步或同跨内，相距不足500mm。

④ 主节点处横向水平杆被拆除或者未设。

⑤ 脚手眼设置位置不符合规范要求。单排脚手架的横向水平杆插入墙内的长度不足 180mm。

⑥ 脚手架剪刀撑设置不规范，未跟上施工进度、搭接接头扣件数量不足。

⑦ 模板支架未按照规定设置水平、竖向剪刀撑。

⑧ 模板支架纵横向水平拉杆严重不足。

5）作业层

① 作业层竹笆脚手板下纵向水平杆间距超过 400mm。

② 作业层脚手板铺设不满，没有固定牢。

③ 脚手板接头铺设不规范，出现长度大于 150mm 的探头板。

④ 未设置栏杆和挡脚板，或设置位置及高度尺寸不规范。

⑤ 脚手架工程没有挂设随层网、层间网或首层网，挂设不严密。

（4）使用不当

1）作业层上施工荷载过大，超出设计要求。

2）模板支架、缆风绳、泵送混凝土和砂浆的输送管固定在脚手架上。

3）脚手架悬挂起重设备。

4）在使用期间随意拆除主节点处杆件、连墙件。

5）在脚手架上进行电、气焊作业时，没有防火措施。

6）脚手架没有按照规定设置防雷措施。

7）未按照规定进行定期检查，长时间停用和大风、大雨、冻融后未进行检查。

8）模板上荷载较集中。

9）混凝土梁未从跨中同两端对称分层浇筑。

10）预压模板支架时，由于砂袋被雨水浸泡过后重量变大，使得预压荷载超过支架设计承载力而造成支架坍塌。

（5）拆除不当

1）没有制定拆除方案，没有进行安全技术交底。

2）没有在拆除前对脚手架的扣件连接、连墙件、支撑体系等是否符合构造要求作全面检查。

3）拆除时周围没设置围栏或警戒标志，非拆除人员能够随意进入。

4）在电力线路附近拆除脚手架不能停电时，没采取有效防护措施。

5）拆除作业人员踩在滑动的杆件上操作。

6）拆除过程中遇有管线阻碍时，任意割移。

7）拆除脚手架时，违规上下同时作业。

8）先将连墙件整层或数层拆除后再拆脚手架。

9）拆除作业人员不配备工具袋，随意放置工具。

10）拆除过程中如更换人员，没重新进行安全技术交底。

11）采用成片拽倒、拉倒法拆除。

12）高处抛掷拆卸的杆件、部件。

2. 脚手架常见事故共同特点

（1）脚手架失稳都是垂直于架体纵向的横向失稳。

（2）脚手架垮塌都是大波鼓曲模式，首先发生在架体底部。

（3）模板支撑架垮塌都是局部首先失稳后呈多米诺骨牌现象，失稳首先发生在顶部。

（4）模板支撑架的垮塌都是在浇筑混凝土的过程中发生，失稳或垮塌都是自身或与其他结构无连接或连接最薄弱处首先失稳。

（5）所有的事故都与材料材质有关。

（6）所有的事故都存在管理责任，尤其是工程技术人员责任重大。

3. 影响脚手架稳定的主要因素

（1）脚手架基础

一般脚手架，要求搭设脚手架的地基略高于附近地面（高于自然地坪 50mm），原因主要是考虑到排水顺利，垫通板且使用立杆底座。

高层脚手架尤其是 50m 以上的脚手架，其地基必须慎之又慎，一旦发生下沉，对脚手架的影响将是巨大的，而且几乎无法修复。

（2）扫地杆

扫地杆距地高度不得大于 200mm。必须同时设置纵横向扫地杆，必须连续设置，不得间断。

（3）杆件间距及连接

杆件间距的大小对脚手架特别是高层脚手架有着至关重要

的影响，不论是立杆纵距、横距，还是大横杆的步距，都是如此。因此，大横杆除考虑到操作人员行走站立方便可以放大到1.8m以外，其余杆件的间距都是越小对安全越有利。所以立杆纵距应小于1.5m（必要时可以设置底部双杆），一般情况下立杆横距不得大于1.05m，这样不仅有利于脚手架安全稳定，进行计算时也比较方便。

事故调查发现，事故脚手架存在自由端过大；托架未放正造成偏心受压；立杆搭接造成偏心矩过大及杆件间距过大等问题。

（4）连墙件拉接

脚手架在受力状态上立杆属于典型的细长压杆，基本破坏形式就是垂直于脚手架的侧向失稳，而提高细长压杆稳定的唯一措施（在压杆自身质量不变的前提下）就是增加约束，该约束就是设置连墙件。

高层脚手架连墙件必须使用刚性材料。间距在规范允许的范围内越小对稳定性越有利。最好使用钢管贯通里外排的连接且与建筑物做可靠的拉结。

（5）立杆垂直

横向扰动力是脚手架失稳破坏的唯一外力，形成的应力集中是根本的罪魁祸首，而保持压杆稳定的关键就是垂直。因此脚手架搭设立杆垂直至关重要。

（6）荷载

搭设脚手架的目的除供操作人员站立行走外，唯一的作用就是承载建筑材料，由于超载而造成的脚手架垮塌事故占到全部脚手架事故的一半以上。因此，必须严格控制荷载量，高层超高层脚手架还必须考虑架体的自重，还应做到均布荷载，尽量减少避免发生冲击荷载。

（7）卸荷

操作规程规定，高层脚手架在其自身不能满足稳定状态的情况下，可以采取挑、吊、撑以及分段搭设的方法将荷载转移到建筑物上去，设计计算中不得将斜拉钢丝绳作为支座考虑。

分段搭设受力状态最佳，但成本以及对工序的影响过大；撑的方法虽然简单清楚，但产生的向外的水平推力不易消除，不宜采用。因此最好的方法就是采用了拉吊的方法，但应注意解决好钢丝绳、角度、间距等方面的问题。

除分段搭设外，其余卸荷措施均属于辅助措施，不应折减荷载值。

（8）严禁混搭

不同材质、不同规格杆件以及不同连接方式的混合搭设，因连接困难，而影响连接效果。同时造成变形不同步，传力不彻底，所以严禁混搭。

4. 脚手架工程事故的防控措施

（1）作业人员必须取得特种作业人员操作证书，持证上岗。必须定期进行体检。

（2）脚手架各种搭设材料的外径、壁厚、力学性能，应符合现行国家标准《碳素结构钢》GB/T 700 中的 Q235A 钢的规定，扣件符合现行国家标准的规定。

（3）对脚手架的以下各搭设步骤，要有专人监控，达到规范的要求。

1）基础做法；2）排水措施；3）放置纵横向扫地杆；4）构造要求；5）布置要求；6）剪刀撑的搭设方法；7）连墙件的设置；8）小横杆的设置；9）脚手架的防护栏杆；10）密目网垂直封闭；11）密目网贯穿试验；12）密目网的绑扎方法；13）兜网封闭；14）脚手架的上下通道；15）脚手架的卸料平台；16）脚手架的交底、验收；17）脚手架搭设时注意事项等。

（4）制定有针对性的、切实可行的脚手架和模板支架搭设与拆除施工方案，严格进行安全技术交底。

（5）建立健全项目安全管理组织机构，职责分工明确。

（6）提高安全管理人员的职业能力水平，及时发现存在的问题和事故隐患。

（7）制定各项安全技术措施，预防事故隐患发生。发现问题、事故隐患应及时采取措施进行整改和纠正，否则不准再进行作业，确保操作人员生命安全。

5. 脚手架事故案例

（1）某综合楼模板倒塌事故

2014 年 7 月 18 日 15 时左右，某房地产开发有限公司在建的凯旋城综合楼发生坍塌事故，造成 3 人死亡、3 人受伤，直接经济损失 500 余万元。

1）事故简介

2014 年 7 月 18 日，某房地产开发有限公司的凯旋城综合楼工程正在进行五层楼面混凝土浇筑施工。上午 10 时左右，根据凯旋城综合楼工程项目施工组织者叶某的安排，混凝土浇筑班组长吕某带领本班 10 名员工开始对综合楼高支模板进行浇筑，浇筑方法为大厅周边四层的框架柱与五层楼板混凝土一起浇筑，浇筑设备为混凝土输送泵和一台布料器，布料器位于五层楼面的 F 轴/7 轴西北侧边梁处。至下午 15 时左右，整个高支模板将近浇筑一半面积，当浇筑到 6~9/E-G 轴区域高大厅堂顶板时，突然从高大厅堂顶板的中偏西北部布料机处发生谷陷式垮塌，面积为 438.24m² 的高大厅堂整个顶板一起垮塌下来，砸落在地下一层顶板上，整个过程只延续了数秒钟。事故发生后，大厅四周 6 轴、9 轴/E、G 轴框架梁的模板、钢筋、混凝土向大厅中央方向局部倾斜下陷，6/F 轴框架柱向东倾斜 300mm、7/G 轴框架柱向南倾斜 200mm、9/F 轴框架柱向西倾斜 400mm，落下的混凝土、钢筋模板和支架绞缠在一起，形成厚 0.5~5m 的堆积。模板支撑架坍塌事故发生时，正在五层楼面上作业的 11 名员工中的 6 名员工，随坍塌的混凝土、钢筋、模板和支架下落，造成不同程度的伤害。

2) 事故原因分析

① 直接原因

高大模板支撑系统搭设不符合《建筑施工模板安全技术规范》JGJ 162—2008 和《建筑施工扣件式钢管脚手架安全技术规范》JGJ 130—2011 要求。具体为:

A. 高大模板支撑架四周立面无设置竖向剪刀撑,扫地杆处无设置水平剪刀撑,两竖向连续式剪刀撑之间未增加"支"字斜撑,违反《建筑施工模板安全技术规范》JGJ 162—2008 6.2.4 第 5 项"满堂模板和共享空间模板支架立柱,在外侧周圈应设由下至上的竖向连续式剪刀撑"及《建筑施工扣件式钢管脚手架安全技术规范》JGJ 130—2011 6.9.3"当支撑高度超过8m,或施工总荷载大于 15kN/m²,或集中线荷载大于 20kN/m² 的支撑架,扫地杆的设置层应设置水平剪刀撑"之规定。

B. 部分相邻立杆对接的接头在同步内设置违反《建筑施工模板安全技术规范》JGJ 162—2008 6.2.4 第 3 项"相邻两立柱的对接接头不得在同步内,且对接接头沿竖向错开的距离不宜小于500mm,各接头中心距主节点不宜大于步距的 1/3"之规定。

C. 步距、立杆间距偏大(技术交底:立杆顺梁底 0.6m×0.8m,水平杆间距 1.5m 一道交叉布置。现场随机抽样实测:模板支撑架立杆东西方向 0.85m、0.92m、0.89m,南北方向0.97m、0.75m、0.94m,水平杆间距 1.5m、1.7m、1.6m)。

鉴于上述支撑架搭设情况,在现场混凝土浇筑过程中,高支架模板支撑体系立杆局部荷载超过允许承载力,致使模板支撑体系整体失稳,是导致此次事故发生的直接原因。

② 间接原因

A. 某房地产开发有限公司在不具备法定发包的条件下,将凯旋城综合楼工程违法发包。

B. 某房地产开发有限公司未依法聘用具备相应资质的工程监理单位对凯旋城综合楼工程进行有效监理。

C. 建设凯旋城综合楼工程的施工队伍属于拼凑而成，施工人员无职业资格证书或安全考核合格证书、岗位证书、职称证书；既未按照规定组织专家对高大模板支撑系统进行论证，也未按规定组织技术人员、项目安全、质量、施工人员对6～9/E-G轴区域高大厅堂模板支撑架进行专项验收。

D. 违反《建筑施工模板安全技术规范》JGJ 162—2008 5.1.2 中第3项"混凝土梁的施工应采用从跨中向两端对称进行分层浇筑"的规定。

3）事故性质

事故调查组认定，本次事故是一起违法建设、违规施工而引发的较大生产安全责任事故。

4）事故防范措施

为了避免和预防类似事故再次发生，从此次事故中深刻吸取教训，针对本次事故的特点，有关单位切实落实以下措施。

① 有关单位应深刻吸取此次事故的教训，进行一次深入的安全大排查，对发现的问题、安全隐患，根据"四不放过"的原则，立即落实整改。

② 行政主管部门、业主、监理、施工单位在工程开工前，应对危险性较大的分部分项工程进行梳理，建立台账和管理办法，编制安全专项施工方案，超过一定规模的危险性较大的分部分项工程必须进行专家论证，并严格按审批程序进行审批。

③ 施工单位严格按照审批的安全专项施工方案对施工人员和工人进行技术交底和安全技术交底。特种作业人员必须持证上岗，无证人员不得上岗。

④ 施工单位严格按照审批的安全专项方案实施，不得更改。如需要变更，必须重新进行审批或者专家论证。

⑤ 加强对从业人员进行安全生产教育和培训，保证从业人员具备必要的安全生产知识，熟悉有关的安全生产规章制度和安全操作规程，掌握本岗位的安全操作技能。未经安全生产教

育和培训合格的从业人员，不得上岗作业。

（2）某商业楼工程模板支撑系统坍塌事故

2015年4月11日23时10分左右，某市国际市场A区13号商业楼在浇筑三层柱、屋顶梁板结构混凝土过程中，发生模板支撑系统坍塌事故，造成5人死亡，4人受伤，直接经济损失约480万元。

1）事故发生经过

某市国际市场A区13号、14号商业楼A劳务分包队于2014年10月7日进场施工，施工至基础垫层后更换为B劳务分包队，B劳务分包队于2014年11月5日进场施工。按照施工计划安排，坍塌部位的脚手架架体随主体结构边施工边搭设。2015年4月3日开始搭设三层架体，4月11日上午10时许，13号楼三层顶模板支撑系统搭设完成。

事发时B劳务分包队在施工现场有两个作业班组，分别是架子工班组（负责脚手架及模板支撑系统的搭设）及混凝土班组（负责现场混凝土浇筑）。架子工班组木工张某及罗某，负责看护混凝土浇筑过程中模板支撑系统的变形情况。

2015年4月11日13时左右，混凝土工开始浇筑13号楼三层柱、屋顶梁板结构混凝土（采用商品预拌混凝土），混凝土泵车进行泵送混凝土浇筑，泵车位于13号楼南侧地面8-11轴中间部位。浇筑由西向东（8→11轴方向）分段进行，段内南北方向往返循环浇筑，按先柱后梁板的顺序浇筑。连续浇筑4搅拌车混凝土（搅拌车容量$12m^3$，4车约$48m^3$）后现场停电。作业人员撤离工作面休息。当日18时，施工现场恢复供电，混凝土工吃过晚饭后继续浇筑作业。21时30分开始下雨，因雨量较大，作业人员避雨10分钟左右，穿上雨衣继续混凝土浇筑作业。23时刚过，混凝土班组长田某离开屋顶作业面去安排工人的夜餐。4~5分钟后，约23时10分，当浇筑至东距11轴5.7m处时，天井部位模板支撑系统瞬间发生整体失稳坍塌（7-8/P轴以北部位未浇筑，现场共浇筑17车，最后的第17车浇筑量约$3m^3$，混凝土浇筑总量约 195m³）。

坍塌时，施工现场共有 12 名工人在作业。其中在混凝土浇筑作业面上（屋顶标高 16.2m 位置）混凝土工 9 人；在三层室内看护模板支撑系统变形情况的木工 2 人；在建筑物南侧室外地面上操作混凝土搅拌车的力工 1 人。

事故发生时混凝土浇筑作业面 9 人情况：7 名混凝土作业人员直接坠落至首层室内地面，7 人浇筑作业分工为：李某，负责混凝土布料管；赵某，负责混凝土布料车遥控操作；代某、王某，负责混凝土摊平；陈某，负责混凝土振捣；刘某，负责移动振捣棒电机；孙某，负责混凝土浇筑面细部抹平，以上 7 人分布于 P～N 轴跨中东距 11 轴约 7m 位置进行混凝土浇筑作业。另外 2 名混凝土工情况为：周某，负责混凝土浇筑面整平工作，事发时位于 8～11 轴南侧弧顶位置，沿坍塌的屋面梁钢筋骨架下滑，坠落 2m 左右腿部被夹住，后自行攀爬到三楼东侧平台上；吴某，负责对混凝土浇筑面覆盖塑料薄膜，事发时准备到相邻的 10 号楼（主体结构已完成）取塑料薄膜，行走至未浇筑混凝土的东侧屋面板与 10 号楼交接处时发生坍塌，其被钢筋绊倒，后跑至 10 号楼屋顶。周某、吴某 2 人受轻伤。

事发时，2 名木工情况：张某、罗某在 13 号建筑物三层平台北侧看护模板支撑系统变形情况，未受到事故伤害；郑某 1 人在 13 号建筑物南侧室外地面上负责混凝土搅拌车操作，未受到事故伤害。

2）事故原因分析

2015 年 4 月 12 日至 13 日，技术专家组对事故现场进行了勘查。

现场勘查可见，13 号楼天井部位模板支撑系统采用满堂扣件式钢管脚手架搭设，其支撑系统高 16.5m、宽度约 20m、长度约 22m。坍塌部位位于 8～11 轴/P～N 轴间天井位置。其中8～11 轴间南北向 8 条屋面梁、P～N 轴东西向 2 条屋面梁及屋面梁外侧弧形梁、梁间现浇板模板及其支撑系统整体坍塌，部

244

分屋面梁钢筋骨架垂挂于结构体上。坍塌范围东西长约 20m、南北长约 22m，坍塌面积约 440m²。三层东侧 11 轴以东尚未浇筑混凝土的柱及屋面梁板模板支撑系统整体向西水平倾斜，顶部最大西向位移约 1.5m。

现场抽查勘测，模板支架采用扣件式钢管脚手架，立杆间距均值 1.05m，最大 1.22m，最小 0.78m，极差 0.44m；水平杆步距均值 1.92m，最大 3.22m，最小 1.4m，极差 1.82m。所使用钢管外径为 48mm，钢管壁厚平均值为 2.5mm，最薄为 2.0mm，钢管毛刺、锈蚀，未做防锈处理，一些钢管的平直度较差，部分钢管已明显弯曲。相邻立杆接头设置在同一步距内，立杆、水平杆变形扭曲严重。位于南北两侧的东西向弧形梁，其外侧二层以下的架体尚未倒塌，立杆、水平杆已向外明显凸出，变形严重。

未见架体与周边主体结构的任何拉结，未设置扫地杆，未设置纵横向支撑及水平垂直剪刀撑。

现场可见，模板支撑系统的立杆大部分支设在基坑基础回填土上，回填土压实厚度不一，高低不平。模板支架立杆部分无垫板，部分采用砖块、短木块支垫，个别立杆已插入回填土中，部分立杆底部出现松动、离地悬空等变形情况。

由于模板支撑系统未进行安全验算，事故发生后因全力组织抢救，现场应急救援时部分支撑系统被拆除，实际情况已经发生变化，难以依据现场原基础处理、搭设方法、模板及支架的主要结构强度、支撑间距及构造设置等各项要素推算出该模板支撑系统的最大承载力。故根据坍塌救援后第二现场状况、未坍塌部分的残余支撑结构状况及相关资料，分析如下：

① 直接原因

模板支撑系统的搭设严重违反《建筑施工模板安全技术规范》JGJ 162—2008、《建筑施工扣件式钢管脚手架安全技术规范》JGJ 130—2011 及《建设工程高大模板支撑系统施工安全监督管理导则》（建质〔2009〕254 号）的相关规定，模板支撑系统立杆基础、立杆、水平拉杆设置不符合要求，架体内部未设置扫地杆、未设置纵横向支撑及水平垂直剪刀撑，支撑系统与周边主体框架结构未采取固定措施等，且在风雨过后混凝土浇筑过程中，模板支撑系统地基基础沉降不均匀，致使架体承载能力降低、稳定性不足，施工时荷载超过模板支撑系统的最大承载能力，模板支撑系统整体失稳坍塌，是该起事故发生的直接原因。

② 间接原因

A. 施工现场管理混乱，建设工程各方责任主体未建立齐全有效的安全保证体系，未落实安全生产法律法规、标准规范及安全生产责任制度。

B. 模板支撑系统未编制专项施工方案，未进行专家论证，未确认是否具备混凝土浇筑的安全生产条件，未制定和落实施工应急救援预案安全保证措施，未按规定对模板支撑系统进行专项验收，便开始实施混凝土浇筑。风雨过程中未开展针对性检查并采取相应措施，盲目施工，违反《危险性较大分部分项工程安全管理办法》（建质〔2009〕87号）及《建设工程高大模板支撑系统施工安全监督管理导则》（建质〔2009〕254号）之规定。

C. 违反《建筑施工扣件式钢管脚手架安全技术规范》JGJ 130—2011、《钢管脚手架扣件》GB 15831—2006等规范规定，模板支撑系统所使用的钢管、扣件、U形顶托等部分材料截面尺寸不足、锈蚀、变形，承载能力降低。模板支撑系统立杆基础未设置防水、排水设施，立杆底部未铺设符合要求的垫板。

D. 模板支撑系统施工人员（项目负责人、施工现场技术负责人、安全管理人员及特种作业人员）无证上岗。施工作业前工程技术人员未按规定对施工作业人员开展班组安全技术交底；未落实安全施工技术措施，施工现场安全管理不到位。

E. 框架结构混凝土浇筑采取框架柱与梁、板整体一次性浇筑方式，浇筑次序、顺序不合理，整体稳定性下降。

F. 安全教育不到位，未对现场作业人员进行安全生产教育和培训，便安排作业人员上岗作业，致使作业人员安全意识淡薄，对作业场所和工作岗位存在的危险因素认识不足，对事故防范及应急措施不了解。

G. 施工现场违反《建设工程监理范围和规模标准规定》（建设部86号令）及《建设工程监理规范》GB/T 50319—2013规定，该工程项目无监理单位，监理管理体系缺失。

H. 该工程在未办理建设工程规划许可证、施工许可证等相关审批手续的情况下，未依法履行工程项目建设程序，提前开工建设。

I. 该市综合执法、建设等行政主管部门以及该项目所在地街道办事处，未认真履行安全生产行业监管和属地管理职责，对该项目监督管理和日常检查不到位。

3）事故性质

这是一起因违反建设工程法律法规、标准规范和安全管理规定而引发的较大生产安全责任事故。

4）事故防范措施

作为施工企业，要认真吸取同行业曾经发生的模板支架坍塌事故教训，举一反三，从以下几个方面做好相关的防范措施，还是可以避免该类事故的发生。

① 工程项目部建立强有力的组织保证措施，配足人员，项目经理、生产经理、技术人员、施工人员、安全人员等关键岗位人员应有素质高、技术能力强的人员组成，对高大模板工程施工，思想上要高度重视。

② 项目经理部成立以项目经理为首的高大模板工程施工小组，技术负责人组织技术人员认真研究施工图纸，选取最不利荷载单元进行设计计算；要现场实地踏勘，讨论研究模板支架的搭设工艺流程，深度优化施工方案，认真组织专家论证审查，按照专家论证意见进行修订完善。

③ 对于关键节点、关键部位的支架搭设要求，技术人员应绘出节点详图、平面图、立面图、剖面图等，对施工班组认真交底。

④ 现场搭设作业时，进行测量放线，定好每根立杆位置、标高，现场施工人员、安全员、监理员严格旁站监督，履行安全管理职责，不符合方案或规范规定的，坚决要求返工。项目经理对高大模板工程的施工要实行带班制度。

⑤ 严格执行验收制度，对高大模板支架的验收内容要根据方案要求进行量化，不能凭经验验收，验收先由项目自检，总监组织相关人员联合验收，验收要有结论，验收人员必须签字，验收不合格的，严禁浇筑混凝土。

⑥ 建设单位应严格遵守建设法律法规，依法发包工程并办理施工许可证、工程监督手续，严格审查施工单位资质、人员资格，依法委托监理单位进行工程监理，对工程施工的重要环节、重要节点进行监督。

（3）某实验厅工程脚手架坍塌事故

2001年4月26日，某实验厅发生一起满堂脚手架坍塌事故，造成7人死亡，1人重伤。

1）事故简介

某实验厅工程，由中铁某公司总承包，建筑工程的结构形式为54m×45m跨矩形框架厂房，屋面为球形节点网架结构，因中铁某公司不具备此网架施工能力，故建设单位将屋面网架工程分包给常州某网架厂，由中铁某公司配合搭设满堂脚手架，以提供高空组装网架操作平台，脚手架高度为26m。

为抢工程进度，未等脚手架交接验收确认，网架厂便于2001年4月25日晚，即将运至现场的网架部件（约40t），全部成捆吊上脚手架，使脚手架严重超载。4月26日上班后，在用撬棍解捆时产生的振动导致堆放部件处的脚手架坍塌，脚手架上的网架部件及施工人员同时坠落，造成7人死亡，1人重伤的较大安全事故。

2）事故原因分析

① 直接原因

本次事故主要是由于没按脚手架承载能力要求，大量集中的堆放网架部件，致使脚手架严重超载失稳坍塌，这是事故发生的直接原因。

从技术方面看，满堂脚手架方案有误。

常州某网架厂施工组织设计中要求，脚手架承载力为 $2.5kN/m^2$，立杆纵、横间距为 1.8m，步距为 1.8m。以上要求即为一般施工用脚手架的杆件间距，而常州网架厂提供网架单件尺寸为宽 0.95m、长 4m、高 0.7m，单件重量 1.5t，如按此计算最低为 $4kN/m^2$。因此，如何摆放网架部件便是至关重要的问题，即施工组织设计本身就提供了一个带有安全隐患的方案，给下一步工作提出了必须连带解决的部件摆放问题，然而并没有引起建设单位与监理的注意。

② 间接原因

A. 施工人员蛮干、管理人员违章指挥

脚手架方案有误，又加上中铁某公司未按规定随搭设脚手架随连接牢连墙件和设置剪刀撑，从而影响了脚手架受力后的整体稳定性。

常州网架厂未等脚手架验收确认合格后再使用，而且大量集中的将网架部件随意摆放，致使脚手架严重超载，再加上用撬棍解捆时产生的冲击荷载，导致脚手架坍塌。

B. 建设单位组织不力，监理方监管不力

本工程虽由中铁某公司总承包，但常州网架厂施工项目是由建设单位直接分包，因此，两单位施工组织及配合问题，应由建设单位负责组织协调、监理全面监督检查。

建设单位及监理没有详细认真研究高空散装网架的关键在于给组装人员提供一个安全可靠的操作平台，以及组装人员如何布料使荷载不过于集中，防止脚手架超载。而是一味追求工程进度，从而导致施工双方配合失误，一方面集中大量的超载使用，另一方面脚手架搭设又不规范，最终发生脚手架坍塌。

3）事故性质

本次事故属责任事故。

常州某网架厂现场生产负责人违章指挥，将构件大量集中放于脚手架上，超过脚手架承载能力，导致失稳倒塌应负违章指挥责任。

常州某网架厂虽是网架专业厂家，但对网架的安装工作并不规范，由于片面注重安装进度而忽视了安装作业条件。如在脚手架上摆放部件没有严格规定，对施工组织设计要求的脚手架承载力，并没有制定相应达到承载力的操作方法，也未考虑施工中的不利因素，使现场作业人员无所遵循，而管理人员的违章指挥又得不到及时纠正。

网架厂主要负责人应负全面管理不到位的责任。网架厂为专业施工单位，工作如此不规范是由于长期疏于管理造成，应总结教训改进工作。

4）事故的预防对策

① 应加强对特种结构施工专业队伍的资质认定和培训

网架结构施工企业的管理人员和作业人员应经特种结构施工技术培训考核持证上岗。此次事故中，常州某网架厂明显的违章蛮干以及对脚手架结构的无知，都是导致事故发生的重要原因。

② 应加强对施工监理人员的培训，切实提高素质

目前一些监理人员多由施工企业转来，而企业的施工队伍人员多以不同专业组成，转到监理工作后，对某些专业知识缺乏，只重工程质量对安全专业的有关规定不了解，对特种结构施工工艺不熟悉，致使工作处于被动状态，抓不住关键问题，不能达到预防为主的目的，失去监理作用。

（4）违反操作程序拆除脚手架倒塌事故

2005年10月，某市一脚手架正在拆除过程中突然坍塌，造成2名作业人员当场死亡、2人重伤和10人轻伤，一辆汽车被压在脚手架下。

1）事故简介

某市闹市区临街一栋27m高建筑物的落地脚手架，当拆除

至 18m 时，架体出现晃动，随即整体坍塌。造成 10 名作业人员从架体坠落，其中 2 人当场死亡、2 人重伤、6 人轻伤，4 名地面人员被部件击伤，临街路边一辆轿车被压在脚手架下。

事故现场的脚手架紧贴着公路搭建，四周也没有防护围墙和明显的警示标志。

2）事故原因分析

① 拆除前，项目技术人员没有向作业人员进行安全技术交底。操作工人凭借经验进行拆除作业。

② 拆除脚手架前施工现场没有设置警戒区、标识警戒范围并派专人警戒，也没有清理架体附近场地，移走汽车等物品。

③ 在脚手架拆除之前，已有杆件缺少连接扣件现象，没有补齐加固。

④ 在拆除过程中，剪刀撑、连墙件拆除速度快于其他杆件 4 步脚手架。

⑤ 部分作业人员不具备从事脚手架搭设拆除作业资格，从事拆除作业的 10 人中只有 2 人取得特种作业人员安全操作证书。

3）防范措施

① 脚手架拆除作业前，施工单位负责项目管理的技术人员应当就有关安全施工的技术要求向施工作业班组、作业人员进行安全技术交底，并由双方签字确认。安全技术交底的主要内容包括：工程概况，脚手架工程的危险部位，应采取的具体预防措施，作业中应注意的安全事项，遵守的安全操作规程和规范，发现事故隐患应采取的措施和发生事故后应及时采取的躲避和急救措施等。

② 脚手架拆除作业前，应当清理场地，移走无关物品器具，设立警戒区，拉好警戒围栏，派专人进行警戒，防止无关人员、车辆等进入坠落区。

③ 脚手架拆除作业前，应对脚手架进行全面检查，检查扣件连接、连墙件、支撑体系等是否符合构造要求，不符合的应当补齐加固后方可施工。

④ 脚手架剪刀撑、连墙件应当随拆除进度与其他杆件一起拆除，不得一次性全部拆除。

⑤ 施工现场施工各方管理人员及安全管理人员应对拆除作业进行巡查，及时纠正违章作业。

⑥ 从事脚手架搭设拆除作业的人员必须接受专门安全操作教育培训，经建设行政主管部门考核合格，取得特种作业人员安全操作证书持证上岗。

参 考 文 献

[1] 黄梅. 架子工［M］. 北京：化学工业出版社，2015.

[2] 《就业金钥匙》编委员. 图解架子工技能一本通［M］. 北京：化学工业出版社，2015.

[3] 李春亭，高杰. 架子工入门与技巧［M］. 北京：化学工业出版社，2013.

[4] 本书编写组. 架子工操作技能快学快用［M］. 北京：中国建材工业出版社，2015.

[5] 住房和城乡建设部人事教育司. 架子工［M］. 北京：中国建筑工业出版社，2002.

[6] 住房和城乡建设部人事教育司. 架子工（技师）［M］. 北京：中国建筑工业出版社，2006.

[7] 住房和城乡建设部工程质量安全监管司. 普通脚手架架子［M］. 北京：中国建筑工业出版社，2010.

[8] 人力资源和社会保障部教材办公室. 架子工（初级）［M］. 北京：中国劳动社会保障出版社，2013.

[9] 本书编委会. 《建筑施工手册》（第五版）［M］. 北京：中国建筑工业出版社 2012.

[10] 中华人民共和国国家质量监督检验检疫总局 中国国家标准化管理委员. GB 2811—2007 安全帽［S］. 北京：中国标准出版社，2009.

[11] 中华人民共和国国家质量监督检验检疫总局 中国国家标准化管理委员. GB 6095—2009 安全带［S］. 北京：中国标准出版社，2009.

[12] 中华人民共和国国家质量监督检验检疫总局 中国国家标准化管理委员. GB 5725—2009 安全网［S］. 北京：中国标准出版社，2009.

[13] 中华人民共和国住房和城乡建设部. JGJ 166—2017 建筑施工碗扣式钢管脚手架安全技术规范［S］. 北京：中国建筑工业出版社，2017.

[14] 中华人民共和国住房和城乡建设部. JGJ 202—2010 建筑施工工具

式脚手架安全技术规范 [S]. 北京：中国建筑工业出版社，2010.

［15］ 中华人民共和国住房和城乡建设部. JGJ 128—2010 建筑施工门式钢管脚手架安全技术规范 [S]. 北京：中国建筑工业出版社，2010.

［16］ 中华人民共和国住房和城乡建设部. JGJ 130—2011 建筑施工扣件式钢管脚手架安全技术规范 [S]. 北京：中国建筑工业出版社，2010.

［17］ 中华人民共和国住房和城乡建设部. JGJ 59—2011 建筑施工安全检查标准 [S]. 北京：中国建筑工业出版社，2010.